Life
西山茉希

母として、モデルとして、女性として

隣に座ったり、時に抱きしめたり、
肩を並べて歩いたり…
ふれあいが0.5でもあり続ける親子であれたらいい。

触れ合いやすい幼少期。
触れ合いポイントを貯めておこう。

"話さないと"なんじゃなくて、
"話したくなる"相手でありたい。
"べったり"ではなく、
"ほどよい"場所にいれる人でありたい。

変わらぬ場所にスタンべっていたい。
大切な人を 大切にするだけのこと。

すくすく育々

すくすく育とう。

この度は『Life 西山茉希』を手に取って下さり
ありがとうございます。
33年目の人生を生きる上で、今の自分の在り方、
想いを含めた"ライフスタイル"をこの本に込めて
皆様に届けることができることを
とても嬉しく ありがたく感じています。

人は皆 それぞれが それぞれのカタチで生きていますが、
この本の中に残せたモノが 誰かと共感でき、
微力な支えとなり、明日へのパワーの一部となれれば
いいなぁと、そんな風に想っています。

お好きな時間に お好きな場所で
どうぞ ごゆっくり ご覧下さい。

Contents

002 - 011	Prologue	
012 - 013	Contents	
014 - 025	Maki's Kids styling	MAKI流、子供スタイリング
026 - 031	Maki's Hair arrange	母と子のヘアアレンジ術
032 - 037	Maki's Make-up	速さが自慢のセルフメイク
038 - 045	Maki's Private style	俺流コーデ、大公開
046 - 055	Maki's Cooking recipe	簡単＆おいしい、オリジナルレシピ
056 - 081	Stories about my Life	今だから伝えたい。書き下ろしエッセイ
082 - 095	Let's have a chat!	悩みの吐きだし会
096 - 103	Symposium of MOM	ママたちとの座談会
104 - 107	What kind of Person is MAKI?	親しい人が語る「マキって、どんな人?」
108 - 109	Epilogue	

※本書で使用した衣装・化粧品・食品等の詳細とお問い合わせ先は、p.110～111に掲載してあります。また、本書に掲載されている商品などの価格は、原則として本体価格であり、2018年11月20日現在のものです。税込価格は消費税を本体価格に加算した金額となります。本体価格や店舗情報などは諸事情により変更されることがあります。また、掲載した写真の色や素材感が実際の商品と異なる場合があります。あらかじめご了承ください。

MAKI'S KIDS STYLING

娘2人の着る服は、不思議と自分の好みが反映される。
着こなしのルールは「子供だから」「女の子だから」と
決めつけることなく、自由に着たいものを楽しむこと!

オールラウンドに使える
優秀アイテム勢ぞろい

UNIQLO

FAVORITE

日々、本当にお世話になっている4つ
リーズナブルなのに、おしゃれに決まる

ユニクロ 世田谷千歳台店
何でも一気に手に入る充実した品ぞ
ろえが嬉しい！　⌂東京都世田谷区
千歳台3-20-1　カリーノ千歳台1階
☎0120-170-296（ユニクロカスタマ
ーセンター）⊙11:00~20:00（土曜・
日曜・祝日 10:00~）　不定休

モコモコした素材感がど
んなスタイリングでもキュ
ートに仕上げる防風フリ
ースノーカラーコート。¥2,990

冬の必須アイテムニットベレー。
しっかり防寒しつつ、トップのポ
ンポンで可愛らしさも。各¥990

ギャザーを寄せたウエストがフ
リルになって、トップスをインし
ても可愛く決まる。ギャザース
カート 各¥1,500

大好きなミニーマウスの
セーター。起毛したふか
ふかの素材感がスウィー
トな雰囲気に。各¥1,990
©Disney

羽織って、巻いて、レイヤード
して……とにかく使えるフランネ
ルチェックシャツ。各¥1,500

㊧デニムスキニーフィット
パンツ¥1,500　㊨ハイラ
イズウルトラストレッチア
ンクルパンツ¥1,500

フリル仕様のハイネック部分が、
ボーダーに女の子らしさをプラ
スするリブTシャツ。各¥990

冬のスカートには欠かせ
ないニットタイツ。シック
な色もドット入りで楽
しくキュートに。各¥990

このページに掲載された商品はすべて「UNIQLO」の商品になります。
また、ユニクロキッズのアイテムは、一部店舗とオンラインストアのみの展開になります。

SHOPS

のブランド、ショップ。
アイテムが見つかります！

H&M 渋谷店
ショップにいるだけで楽しくて気分が上がるワンダーランド。流行アイテムが親子共にそろうのでペアで楽しめます。
⌂ 東京都渋谷区宇田川町33-6
☎ 0120-866-201 ⏰ 10:00～22:00（金曜・土曜・祝前日～22:30） 不定休

フロントのポケットがハートになったデニムオーバーオール。ウオッシュ具合が絶妙。¥1,999

黒いフェイクレザーのクールさがスタイリングを可愛く、カッコよく見せるスカート。¥1,799

どんな色とも相性がいいカーキのアウター。しっかり防寒してくれるフード付き。¥3,999

子供の時だからこそ思いきり弾けられるパーティ服。総スパンコールのブルゾン。¥2,999

キャンディカラーのボーダーニット。ふかふかの起毛素材が鮮やかな色合いを上品に。¥1,799

あるといろいろ便利な長袖Tシャツ。シャツのインなどに使える白はマスト。（2枚組）¥1,499

大人も欲しくなる黒地にシルバーラメのスニーカー。厚め白ソールでおしゃれ感UP。¥1,499

透かし編みが大人っぽいカーディガン。丸襟は上まで留めればセーター使いも可能。¥1,799

レイヤードに大活躍してくれるタートルネックTシャツ。もちろん防寒効果も。（2枚組）¥1,499

最速トレンドGetなら
間違いなくココ！！

このページに掲載された商品はすべて「H&M」の商品になります。
また、掲載商品が完売となっている場合がありますことを、ご了承ください。

キャラものグッズの豊富さに
親子で高まる買いものTIME

しまむら

> **しまむら 三軒茶屋店**
> 長岡に戻る度に、地元の「しまむら」で爆買いしてしまうほどお世話になっています。東京ではこちら。⊕東京都世田谷区三軒茶屋2-11-20 ☎03-5433-5681 営10:00〜20:00 不定休

ホワイト×ネイビーが爽やかなバックパック。使いやすいスクエアフォルム。ユニセックスで。¥1,900

「HELLO KITTY」のポーチ。ノートや書類などを収納するのに便利なスクエアフォルム。¥980

「スヌーピー」のバニティ型化粧ポーチ。瓶ものも縦ですっぽり入る余裕の大容量。¥1,500

おしゃれなチャコールグレーのタイツ。脚をスラッと見せるリブ入り。足裏に滑り止め付き。¥480

フリンジがキュートな、スエード風素材のブーツ。ヒモなしで履きやすい。各¥1,200

クールな着こなしにぴったりなエンジニアブーツ。サイドゴア仕様で着脱がスムーズに。¥1,500

このページに掲載された商品はすべて「しまむら」の商品になります。
また、「しまむら」の商品に関しましては、すべて税込価格になります。

FAVORITE SHOPS

太リブがスポーティな
テイストをプラスする
ニットキャップ。シックな
色が合わせやすくて便
利。各¥555

肩まわりのフリルが女の
子らしさを感じさせるチェ
ックブラウス。襟なしで
顔まわりすっきり。¥1,185

ピッチが広い太幅の黒
×白ボーダーはロックっ
ぽさもあって大好き。重
ね着にも大活躍。¥722

ボーイッシュな素材を、
チェックのティアードス
カートでガーリーにしたジャ
ンパースカート。¥1,370

西松屋チェーン 西馬込駅南店
子供が生まれる前からお世話になっ
ています。マタニティからすべてのマ
マを全面的にサポートしてくれる心
強いお店。⊕東京都大田区南馬込
5-35-2 ☎0120-7-24028 ⓗ10:00
～20:00 無休

オールシーズン着られるデニム
ワイドパンツ。トップスINもおし
ゃれに決まるウエストリボン付
き。¥1,185

おしゃれだけど履きづらいハイカ
ットスニーカーを、ベルクロ仕
様で着脱スムーズに！ 各¥925

オムツからキッズ服まで、
便利アイテムが超充実！

西松屋チェーン

このページに掲載された商品はすべて「西松屋チェーン」の商品になります。

KIDS STYLING

各ショップで集めたアイテムで、#俺流コーデ娘KIDS版を。
姉妹コーデで組みましたが、それぞれ単独でも。

POP COLOR

"キュートカラーも、甘く仕上げないのがMAKI流"

ピンクやオレンジなど、元気いっぱいのラブリーカラーを選ぶ時は、
デニムやダークカラーなどの「カッコいい」テイストで引き締めます。
常にクールさを加えるようにして、100%甘口にはしません。

S	しまむら
U	ユニクロ
H	H&M
N	西松屋チェーン

CHECK

" チェック×デニムは、フリルでガーリーに "

大好きなチェック×デニムのスタイリングは、男の子っぽくなり過ぎず
程よい可愛らしさを忘れずに。チェックをフリル使いした服は
やり過ぎないガーリーさが。あえて靴は、カッコいいものをチョイス。

CHECK & BORDER

"「柄on柄」は程よいおそろい感を楽しめる着こなし"

実は相性のよい、チェック×ボーダー。コーディネートに加えるだけでちょっとしたおそろいに仕上がります。シャツは腰巻きも可愛いんです！柄on柄を調和してくれる、デニムのボトムスは欠かせません。

KIDS STYLING

MINNIE MOUSE

"キャラものを着る時は、HIP & COOLに！！が気分"

可愛らしさにあふれた、"MINNIE MOUSE"セーターのコーディネートにはダークカラーのフレアスカートを合せて、シャープな印象をプラス。キャラクターものを着る時は、あえて大人っぽい仕上がりを意識。

©Disney

GLITTER

"こんな、おめかし服があってもいいんじゃない?"

レースやフリル？　ネイビーやピンク??　子供のおめかしに
ルールはないはず！　楽しくて、最高に気分が上がる、
ロックプリンセスになれる日も、素敵な思い出になるはず。

KIDS STYLING

ストレッチウォームイージーパンツ¥1,990　グリーン×ネイビーのフランネルチェックシャツ¥1,500　ネイビーのコート¥5,990　ボーダーTシャツ¥990　ボア付きスウェットフルジップアップパーカー¥1,990　グリーンのジャケット¥2,990／すべてユニクロ　ニットキャップ¥555　黒×赤スニーカー¥1,388　白スニーカー¥925／すべて西松屋チェーン

FOR BOYS

" 元気に動けて、カッコいい男子をイメージ "

自分もよくメンズを着るので、男の子の子供服も大好き。
品の良さを感じさせるベージュのパンツをボトムスに、
2つのイケてる男子コーデをスタイリングしました！

MAKI'S
Hair arrange

私の全身コーディネートには、ヘアスタイルも含まれています。
限られた時間でパパッと決まって、
ちゃんと自分らしくいられるヘアアレンジです。

ゆるポニーアレンジ
Loose ponytail arrange

正面からだとショートヘアにも見える、ざっくりしたヌケ感のある低めポニーテール

1
髪を後ろからくしゃっと集めて分け目をなくす。

2
後ろから髪をすくい上げるようにまとめる。

3
毛束を2つに分けギュッと締め上げる。

4
フロントをくしゃくしゃとして空気感を出す。

5
左右のバランスを調整する。

6
重いと感じる部分の髪は茶ピンで留める。

FRONT

SIDE

前髪 アレンジ
Bangs arrange

前髪をちょっと変えるだけで、簡単にイメージチェンジができる便利なアレンジ。

1
額の端から大きく分ける。

2
前髪の長いほうをまとめてねじる。

3
耳の後ろあたりを茶ピンで留める。

4
前髪を整える。

UP!
FRONT　SIDE

ベレー帽 アレンジ
Beret arrange

簡単なのにおしゃれ！ 大好きなベレー帽を使った、スーパークイック・ヘアアレンジ。

1
低めの位置でおだんご状にまとめる。

2
後れ毛を少し出す。

3
ベレー帽をかぶって、おだんごを中に。

4
おだんごをベレー帽のストッパーにする。

UP!
FRONT　SIDE

おだんごアレンジ
Bun arrange

お洋服が決まらない？？と思ったら迷わず
おだんご！ 全身のバランスをアップします。

Recommend!

N.
POLISH OIL

アレンジ前、髪全体に
ヘアオイルをなじませる
のが大事！ ふんわり仕
上がる愛用オイル。
N. ポリッシュオイル150mℓ
¥3,400／ナプラ

1 後ろからざっくり髪を集める。
2 上の位置でまとめる。
3 おだんご状にして結ぶ。
4 周りの毛を引っぱってゆるめる。
5 オイルで前髪に毛束感を出す。

UP! FRONT　SIDE

KID'S arrange

つの アレンジ
Horns arrange

髪が伸びてきたら、おしゃれで可愛い"つの"アレンジを。母娘3人でおそろいにすることもあります★★

「娘たちをいつでも可愛くしてあげたい！」ならば、じっとできない小さいお子さんでもパパッとできて即キュート♥ 超短時間でできる子供用アレンジです。

1 髪をくしゃくしゃっとする。

2 ざっくり2つに分ける。

3 片方の毛束を仮留めする。

4 もう片方の毛束をねじり上げる。

5 先端を根元に巻きつける。

6 上からゴムで留めて固定。

7 もう片方の毛束も同様に。

8 "つの"は同じくらいの高さに。

Use it!

ファストブランドのヘアアクセ

H&MやFOREVER 21などファストブランドのヘアアクセは、可愛くてお手頃！ ラメ入りのカラーゴムを結ぶだけでもキュートなので、忙しい朝に便利。

おだんごアレンジ
Bun arrange

手早くて、可愛らしいアレンジです。わざと毛先と後れ毛を遊ばせるのがポイント。

1. 髪をくしゃくしゃっとまとめる。
2. トップの位置にゴムで留める。
3. 周りの毛をゆるめてルーズ感を。
4. 前髪はキレイに流す。

編み込みアレンジ
Braid arrange

特別なお出かけやお誕生日会など……おめかしする日にぴったりの編み込みアレンジ。

1. 分け目から毛束を三つ編みする。
2. 髪を集めて三つ編みを続ける。

3. 毛先まで三つ編みにして結ぶ。
4. 全体をざっくりと2つに分ける。
5. 毛束をカラーゴムで結ぶ。

6. 片方も結び、ギュッとする。
7. 三つ編みを、ラフにゆるめる。

MAKI'S
MAKE-UP

ヘアと同様にメイクも自分スタイルに味つけする
大事なもの。常にフルメイクではなく、
ポイント使いでムードを変えて、毎日楽しみます。

EYELINER & LIP
アイライナー & リップ

アイライナーを長く入れ、魅惑する目元に。リップは2つ使いで色にまろやかさを。

メイク前

STEP 1
茶色のリキッドア
イライナーを目の
際に目尻から5mm
ほど長めに入れる。

USE IT! »

リンメル エグザジュレート
ラスティングリキッドアイライ
ナーWP 002 ¥1,100／リンメル

STEP 2
リップを塗った後、
同系色のリキッド
ルージュを重ねて
色に深みを足す。

⒜ミネラルルージュ 19ルビーレッ
ド ¥3,500／MiMC ⒝レブロン
ウルトラ HD マット リップカラー
705 ¥1,500／レブロン株式会社

MASCARA & CHEEK

マスカラ & チーク

チークを入れたらリップもシャドウも使わない、甘い雰囲気のメイク。ポイントにマスカラだけON。

メイク前

STEP 1

ピンクのチークを頬骨から上に向かって広めに入れる。

STEP 2

上からオレンジのチークを混ぜるように入れて、色をなじませる。

USE IT!

肌が上気したような赤みのかかった健康的なピンク。ビオモイスチュアチーク 04 チアフル ¥3,800／MiMC

なじみのよいオレンジ。しっとり質感でキレイに色が重なる。ビオモイスチュアチーク 03ピース ¥3,800／MiMC

STEP 3

ビューラーは使わず、マスカラを上下のまつ毛に塗る。

自然ですんなり伸びる長いまつ毛に！ ケア・ラッシュ プレミアム 01ブラック ¥2,000／TV&MOVIE

for **BASE-MAKE**

TV&MOVIE

肌色を補正しながら保湿する美容クリーム的ファンデ。10minミネラルクリームファンデ（オールフィットブライトカラー）¥5,500／TV&MOVIE

Obagi

密着感がクセになる。朝から夕方まで持つのが嬉しい。オバジCセラムファンデーションオークル20（SPF37・PA+++）¥3,000／ロート製薬

EYEBLOW & LIP with EYEGLASSES

アイブロウライナー ＆ リップ＋メガネ

超時間がない！という時に便利なクイックメイク。"メガネ"も重要なメイクアイテム。

メイク前

STEP 1
眉毛をアイブロウペンシルで長めに描く。時間がない時は、眉マスカラで済ませてもOK。

STEP 2
メガネのフレームのインパクトとバランスが取れるように、リップは強めの赤を。

USE IT! »

ヴィセ リシェ アイブロウ　ペンシル＆パウダー BR30　ブラウン　¥1,200（編集部調べ）／コーセー

ファッションブロウ カラードラマ マスカラ ナチュラルブラウン¥1,000／メイベリン ニューヨーク

リップカラー シルキーサテン ルージュ ルブタン001　¥12,500／クリスチャン ルブタン

EYESHADOW & LIP

アイシャドウ & リップ

アイシャドウで陰影を足して印象的な目元に。大人色のリップでムードのある顔に。

メイク前

STEP 1
肌になじむ赤系ブラウンのアイシャドウをアイホール全体に入れる。

STEP 2
STEP1と同じアイシャドウを下のまぶたに目尻から細めに入れていく。

STEP 3
ビューラーを使わずにマスカラを上下に入れる。

STEP 4
ブラウンとなじみのよいプラム色のリップを塗る。

USE IT!

透明感のあるブラウン。ペタルアイシャドウ 14：カッパーブラウン ¥2,200／トーン

マスカラで目の際を引き締める。ケア・ラッシュ プレミアム 01ブラック¥2,000／TV&MOVIE

ブラウンと相性の良いこっくりプラム色。リップスティック プラムフル¥3,000／M・A・C

> これがないと始まらない!!

#俺流コーデ をつくる必須10アイテム

MAKI'S
Private Style

トレンドよりも、自分らしさが一番な「#俺流コーデ」に、絶対に不可欠な10アイテムです。

1 肌身離さず 毎日アクセサリー

2 遊びを効かせた 個性派バッグ

3 バランスUPは ベレー帽

5 スタイリングを決める スニーカー

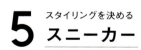

4 着たり巻いたり チェックシャツ

6 唯一無二な **リメイク服**

7 これは一種のADDICTION！ **STAR★アイテム**

8 男子風に着る **ボリュームスカート**

9 シンプル＆個性派 **Tシャツ**

10 足から主張する **エッジ靴**

「#俺流コーデ」実践スタイル！

ALL STYLED
by myself!

シックなモノトーンは
獣系スニーカーでハズす

・コート／EACH × OTHER
・パンツ／MINEDENIM
・スニーカー／atmos（nike）

シンプルスタイルを
☆とボーダーでスパイスづけ

・ニット／UNIQLO
・デニムパンツ／WESTOVERALLS
・靴／SAINT LAURENT
・バッグ／CHANEL

**ボリュームスタイルに
大きめバッグで更にルーズ感を**

・ネルシャツ／TICKING STORE
・バッグ／Christian Louboutin
・靴／Christian Louboutin

・Gジャン／WESTOVERALLS
・スカート／HOLLYWOOD RANCH MARKET
・靴／CONVERSE
・リュック／BEAMS

**デニムがキレイにまとめる
カラフル on カラフル**

**ラフなスタイリングを
美しい靴で締めるのが好き**

・トップス／TICKING STORE
・デニムパンツ／WESTOVERALLS
・靴／GUCCI
・バッグ／HeM

「#俺流コーデ」

PRIVATE FASHION
Collection!

インスタグラムでもアップしている"俺流コーデ"の厳選版。
お仕事着からリアル日常着まで、包み隠さずお見せします!

I WEAR IN MY OWN WAY !!

COOLにシルバー！

アクセサリーも毎日いろいろ気分で♪

エスニック風ジュエリーで骨太に

ゴールドで統一☆

MAKI'S Cooking

Recipe.

私にとって、料理は楽しい"創作活動"のようなもの。
簡単で、おいしくて、家族みんながお腹いっぱいになれる
オリジナルメニューの一部を公開します。

子供も大人も大満足！
Maki's BEST MENU 10

06. キャベツの塩昆布の浅漬け風
01. 万能だれ
03. ツナもやしナムル
02. 万能そぼろ
04. スパニッシュ風オムレツ
08. 即席チャーハン

冷蔵庫の食材だけでパパッと作れる、茉希の旨ゴハン10品をレシピ付きで初公開！
和洋ミックス、何でもアリ！　とにかくおいしくて、簡単！　お腹いっぱいで幸せいっぱいになれるメニューです。

07. チョレギ風サラダ
10. 納豆ナポソバ
09. チキンソテーのトマトソース
05. 豚バラ粉チーズから揚げ

1週間で使いきり！

Maki's MUST FOOD

冷蔵庫にこれだけあれば、1週間は大丈夫。無駄なく、バリエ豊富な

キャベツ

しょうが

玉ねぎ

もやし

ベーコン

ハム

鶏むね肉

卵

とろけるチーズ

あると便利！

保存が効く、困った時に活躍する食材

塩こんぶ

韓国のり

トマト缶
（ホール／カット）

ツナ

STUFF LIST.

メニューで食卓が豊かになるはず。

 きゅうり

 レタス

 トマト

 豚バラ肉

 合いびき肉

 納豆

 万能ねぎ
（切って保存）

 焼きそば

常備している風味づけ食材セレクト

味つけに欠かせない！

 ごま油

 いりごま

 すりごま

 にんにく
きざみにんにく

 しょうが
生しょうが（チューブ）

| 簡単なのにおいしい！ |

Quick & Tasty! Cooking

01. 万能だれ

我が家の料理に欠かせないオリジナルのたれです。3〜4日冷蔵保存が可能なので、いろいろな料理に活用することができます。サラダはもちろん、冷ややっこ、から揚げなどにかけてもGOOD。

【材料】
・生しょうが　・ストック万能ねぎ　・みりん　・ポン酢

生しょうがを細かく刻む。

フライパンにごま油をひいて、❶とストック万能ねぎを炒める。しょうがの辛さは加熱すれば飛ぶので子供もOK。

ポン酢とみりんを2:1くらいの分量で加え、ひと煮立ちさせ、みりんのアルコールを飛ばす。冷めたら容器に入れて冷蔵庫に。好みでいりごま、にんにく、青じそ、みょうがなどを細かく刻んで入れてもおいしい。

02. 万能そぼろ

忙しい時に超短時間で、これがあればちゃんとしたゴハンが作れるスーパー作り置きメニュー。冷凍保存も可能。冷凍したままお米と一緒に炊けば、簡単炊き込みゴハンにも！

【材料】
・合いびき肉　・しょうが　★みそ　★めんつゆ
・酒　・刻みにんにく　★みりん　★すりごま

合いびき肉は容器のまま、酒、しょうが（チューブ）、刻みにんにくをのせて、肉の臭みを取るために5分程度置いておく。

★の調味料をよく混ぜておく。

フライパンにごま油をひいて、❶の合いびき肉を木べらでほぐしながら、中火で炒める。

合いびき肉に火が通ってきたら、❷の合わせ調味料を入れて、汁気がなくなるまで煮つめていく。

03. ツナもやしナムル

切るのはきゅうりだけ！　電子レンジを使って、超時短でできるおいしいナムル。「一品足りないなぁ」という時にとっても便利。加熱するから野菜の臭みが消えて、子供も食べやすい！

【材料】
・もやし　・ツナ（缶詰め）　・鶏ガラスープの素（顆粒）
・きゅうり　・いりごま　・きざみ海苔　・ごま油

もやしを耐熱の保存容器に入れて、電子レンジで2分温める。

❷に❶のきゅうり、いりごま、ツナ、鶏ガラスープの素、きざみ海苔、ごま油を入れて保存容器の蓋をしてよく混ぜる。

きゅうりを食べやすい大きさに切る。

PROCESS.

目分量でザックリしていますが、MAKI'Sレシピを初公開！
毎日、完食してもらっているから、味は保証付き（笑）。

04. スパニッシュ風オムレツ

使いきりたい野菜や肉をバンバン入れて、おいしく食べきれちゃう便利な一皿。
ツナ、納豆、ソーセージ、豚バラ肉などを入れても◎。

【材料】
- 卵3個
- 玉ねぎ
- トマト（苦手なら入れなくてもOK）
- 豆乳（牛乳でもOK）
- ベーコン
- ピーマン
- とろけるチーズ
- オリーブオイル
- 塩
- こしょう

★MAKI技★
均等に切ると火の通りがよくなります！

1. 玉ねぎ、ピーマン、ベーコン、トマトを細かく、均等に切る。

2. 卵を割り入れ、豆乳を加えてよく混ぜる。

3. 深さのあるフライパンに、オリーブオイルを熱してトマト以外の野菜を加熱。塩、こしょうで味をととのえつつ玉ねぎがしんなりするまで炒める。

4. トマトを加え❷の卵を流し入れたら、とろけるチーズを細かくちぎって加える。弱火にして、蓋をして、卵が固まるまで蒸し焼きに。

05. 豚バラ粉チーズから揚げ

食べやすい小ぶりサイズで、味にパンチがあるお肉料理は、おつまみにもぴったり！　火の通りやすい豚バラ肉を使うので、揚がり時間も早く、冷めてもおいしいから、お弁当にも便利です。

★MAKI技★
ここでこしょうをプラスしてもおいしい！

【材料】
- 豚バラ肉
- しょうゆ
- 粉チーズ
- しょうが
- 片栗粉
- 日本酒
- サラダ油

1. 豚バラ肉、しょうゆ、しょうが、日本酒をよく混ぜる。

2. 水気を取ったボウルに、片栗粉と粉チーズを入れてよく混ぜる。

3. 豚バラ肉をくるくると丸めてボール状にして、❷の粉をよくまぶす。

4. 熱したサラダ油に、❷の豚バラボールを入れ、こんがりとキツネ色になるまで揚げる。

5. 魚焼き器の網の下にキッチンペーパーを敷いて油をきり、粗熱が取れたらパセリをふりかける。

06. キャベツの塩昆布の浅漬け風

冷蔵庫に残っている、キャベツを使いきりたい時に作ります。今日のゴハン、野菜が足りない！って時にパパッと作れる優秀副菜。キャベツの代わりに白菜を使っても◎。

【材料】
・キャベツ　・塩昆布　・めんつゆ

1. キャベツをざく切りする。ある程度の大きさがあるほうが、歯ごたえがよくなる。
2. ファスナー付き保存袋に❶と塩昆布、めんつゆを入れる。
3. よくもんだら、しんなりするまで冷蔵庫に入れておく。

07. チョレギ風サラダ

★MAKI技★
きゅうりはピーラーで皮をラクにむき表面のゴツゴツを取ると食べやすくなります

普通のサラダだけど、作り置きした「万能だれ」を使うことでワンランク上の味つけに。韓国のりをふりかけるだけで味に奥行きが出て、おかずとしても存在感がアップ。

【材料】
・レタス　・トマト
・きゅうり　・韓国のり
・「万能だれ」
（p.52参照）

1. レタスを食べやすい大きさにちぎって、トマト、きゅうりと一緒に洗う。
2. きゅうりを食べやすい大きさに切り、レタスと一緒にボウルに入れ、「万能だれ」を加える。手で全体にタレが行き渡るように、よーく混ぜる。
3. 韓国のりをちぎりながら、ふりかける。仕上げにトマトを飾って。

08. 即席チャーハン

スーパークイック！　それなのに、お腹いっぱいになって満足感が得られる、肉チャーハン。ストックものをフル活用した、忙しいママに嬉しい簡単レシピ。

【材料】
・ご飯（冷凍）　・「万能そぼろ」(p.52参照)　・卵　・ストック万能ねぎ　・サラダ油

1. サラダ油をひいたフライパンで「万能そぼろ」を加熱し、温まってきたら、卵を割り入れる。
2. 電子レンジで温めたご飯を加えて、卵と一緒にほぐしながら炒める。仕上げにストック万能ねぎを添えて。

09. チキンソテーのトマトソース

赤いトマトソースが、見た目も華やかなチキンソテーは来客にもぴったり。焼く前にしっかり下味をつけるので、冷めてもおいしい。食べごたえがあるわんぱくメニュー！

【材料】
- 鶏むね肉
- カットトマト（缶詰め）
- 玉ねぎ
- ベーコン
- アスパラガス
- 片栗粉
- 黒オリーブ（あれば）
- 日本酒
- 刻みにんにく
- しょうゆ
- コンソメ（顆粒）
- 塩
- オリーブオイル

1. 鶏むね肉（容器のまま）に日本酒、刻みにんにく、しょうゆをふりかけて、15分ほど置いて味をしみ込ませる。

2. 玉ねぎ、アスパラガスを細かく刻む。

★MAKI技★
このトマトソースは、作っておいて冷凍しておけばストックソースとして大活躍！パスタやピラフに使えます

3. フライパンにオリーブオイルをひき、切った野菜、黒オリーブを炒め、しんなりしてきたらカットトマトを加える。全体に火が通ったら、塩、コンソメ（鶏ガラスープの素でもOK）を入れて味をととのえる。

4. ❶の鶏むね肉の両面に片栗粉をしっかりまぶす。

5. フライパンにオリーブオイルをひき、油が温まったら❹の鶏むね肉を皮から入れる。表面がカリッとキツネ色になるまで焼いたら弱火にして蓋をし、鶏むね肉にしっかり火が通るまで蒸し焼きにする。

★MAKI技★
この時、キッチンペーパーで油をマメに取りながら焼くと、パリッと仕上がります！

---

10. 納豆ナポソバ

焼きそばをナポリタン風にして、食べごたえを強化。納豆をトッピングして、味の深みと栄養価をアップ！ 半熟卵をソース代わりにして濃厚な1品に。

【材料】
・焼きそば麺 ・玉ねぎ ・ベーコン ・納豆 ・サラダ油 ・ケチャップ ・「おたふくソース」

★MAKI技★
ほぐしやすく、水分を吸わなくなるのでベタベタにならず、麺がもちもちとおいしく仕上がります！

1. 焼きそば麺は袋のまま、電子レンジで1分弱加熱する。

2. 玉ねぎ、ベーコンを切って、サラダ油をひいたフライパンで炒める。

3. ❶の麺を加えて、ほぐしながら炒める。

4. 焼きそば麺についているソースは1袋だけ使い、ケチャップと「おたふくソース」で味つけ。ソースが麺全体に行き渡るように炒める。

5. 納豆を投入し、ひたすら混ぜる。

● 半熟卵

ナポソバに欠かせないトッピング！ チャーハンでも、ラーメンでも、なんでも半熟卵があれば、どんな料理も倍おいしい。

【材料】
・卵

1. 水を沸騰させ、卵を入れる。

2. 7分たったら火を止めて、冷水で勢いよく冷やす。長く放置すると、卵の中の熱で黄身が固まってしまうので、早めに殻をむく。白身が柔らかいので、崩さないように気をつけて。

Stories about my life

33年間を生きてきた"今の西山茉希"が考える、
家族について、夫婦について、仕事について
そして自分自身について……
ありのままの言葉で書き下ろしました。

1. 母としてのスタートライン

「あんた、お腹に赤ちゃんがいるよ」
と、通りすがりのおばちゃんに突然引きとめられて言われる、という夢。

今でも嘘のように感じるけれど、私の妊娠はこの夢を見た翌日に判明した。

その時期、世間で広がっている自分と彼の状況は整っているものではなかった。
けれど、"陽性ライン"を目にした瞬間の感情は、
言葉にしきれないものであったのを、今でも体で覚えている。

CanCamモデルとして、キャリアを東京でスタートさせた18歳から
モデルであるために無理なダイエットの繰り返し。
連日、早朝から夜までの撮影で、精神的にも追い込まれ、
ホルモンバランスがどんどん崩れていく自分自身を後回しにし、
数年生理が来ないまま放っておくこともあった過去。

彼と出逢い子供を望んだものの、自分が見聞きしてきたほど、
"妊娠"というものは、すぐには訪れなかった。
何度も、何度も、検査を繰り返しては、悲しい思いをし、
"あの時、きちんとホルモンバランスを保っていなかったから"
と、過去の自分を責めた。
憧れていた未来を自分で消してきてしまったような気がして、
傷つくことを恐れ、検査薬で調べることも避けるようになった矢先の出来事。
入籍もしていない、結婚発表どころか破局報道が流れている最中での妊娠に、
思いきり喜べず、不安と怖さで押しつぶされそうになったあの時。

"嬉しいけど、どうしよう"
"喜んでもらえるかな"
"絶対、否定される"
"またマイナスな報道が広まる……"

そんな言葉ばかりが頭を巡って、彼にもすぐには伝えることができなかった。

それでも覚悟を決めて、彼に報告をした時、
想像以上のリアクションで授かった子供を喜び、受けとめてくれた。
自分が吐きだしたかった感情を、彼が自分の代わりに表現してくれているようで、
本当に、本当に嬉しくて、心強くて、ありがたかった。

"今はたくさんいろいろなことを言われるけれど、何十年後も共にいることで
認めてもらえればいい"
"嫌なことを思い浮かべてしまいがちだけど、幸せなことを大切にしていこう"

母としてスタートする私を、彼は強く、優しい言葉で支えてくれた。

2013年、人生に新しい道ができた年。
母になり、妻になった年。
1人じゃ進めなかったこの道を、つないでくれてありがとう。
家族になってくれて、ありがとう。

2. 母年齢

妊娠したら"母"と呼ばれる世の中だけど、
未知なまま生まれ、泣くことしかできずにスタートする0歳の赤ちゃんと一緒。

ママだって0歳。

母性と多少の知識で、生まれてきた我が子と向き合って、
共に成長していくものだと思っている。

ママ年齢5歳を迎えた今も、自分の育児は、
毎日向き合いながら、柔軟に対応していきたいという考え方は、
変わらず私の中にある。

"母だから"
"母なのに"
と、最近、耳にしたり、目にしたりすることが多いけれど、
"母だけど"、母としては新人だし、
"母だけど"、女性でいたいという"母論"だって、当たり前でいいんじゃないかと思う。

だから私は妊娠中に、いわゆる「ママのための情報誌」をあまり読まなかった。
自分の子とまだ向き合っていないうちに情報を入れ過ぎて、
"育児"というものを決め込むことがイヤだったし、どこかで怖かったのかもしれない。
十人十色の性格や感情があるのが人間。

今の時代はたくさんの情報と、他の家族のやり方が目に入りやすい分、
比べてみたり、羨ましくなったり、否定したくなったり、共感を求めたり、
とっても息苦しい環境にもなりやすいと感じる日々。

それでも「これが私の家族のかたち」だと、
胸を張って自分の家族を愛せる母でありたいし、
そうなり続けていられるような努力を、忘れずに怠らずにしていこう。
体の成長だけでなく、子供たちの"心の成長"を見逃してしまわないように、
目線を合わせる時間をつくって、しっかりキャッチしてあげよう。

それぞれが、それぞれのやり方で、自分の子供と向き合えることがベスト。
そこには、他人が決めることも、正解も不正解も、ないんじゃないかな……。

子供たちと自分の間で、何を大切にすべきなのか、
子供たちに与え続けるべきものは何なのか。
"観察力"でそれぞれの性格、心の成長を感じとり、
それぞれに適した対応をとれる自分でありたい。
それができる距離にいるのは母親だから、
そういられるような向き合い方ができる、日々の生活を送っていこうと心がけている。

3．私の怒り方

365日、数時間、数分置きにめぐってくる、
私と子供たち（彼女たち）との感情のぶつかり合い。
お互いが1人の人間だから、いつでも穏和なんてことはない。

"大人の感情と大人の感覚で、子供を怒らない"
親として、私が気をつけていること。

自分は33年間の経験で成り立っているけれど、
彼女たちは、ほんの数年の経験で一生懸命に生きている。

"どれだけ怒っても、大好きで、大切だから、ここまで怒るんだということを
言葉でしっかり届けてあげる"
"自分勝手に怒ったり、自分の感情で怒り過ぎた時には、きちんと子供に対して謝る"

自分が親として怒ったのか、自分の感情で怒ったのか、何がイヤだったのか……
その理由ときちんと向き合いながら、
母としての反省と学びを積み重ねていけたらいいなぁと思う。

それぞれの性格、それぞれの感受性をきちんと観察したい。
彼女たちの目線と感覚を、キチンと受けとめていてあげたい。

反省するような怒り方をしてしまうのは、だいたい自分の心にゆとりがない時。
それが自分でもわかるから、自分のケアをキチンとすることが、
子供たちにとってもプラスに働くと思っている。

きっとこれからも、笑ったり、泣いたり、怒ったり、仲良しだったり、ケンカしたり、
いろんなことがあるのだろうけど、
親と子でありつつも、人と人であることを大切にしていきたい。

優しくいたいのではなく、大きくいたい。
強くいたいのではなく、やわらかくいたい。

4. 受け止めて欲しい人に、吐きだしていこう

自分は欲張りだな、ってたまに思う。
そう思って反省をする。

手にしていない人生に欲が出て、
手にした人生には、更に欲を出す。

今あるものを当たり前にすると、今あることの大切さを見失って、
ただのワガママになりそうになる。
子供を産んでから、育児にストレスを感じたり、
子供がいるのに、1人の時間を欲しがったり。
産んでから、半年〜1年くらいは、その感情を出すことすら間違いな気がして、
どうしていいかわからず、泣いたこともあった。

言葉にすると、子供を否定しているような気がして、
言ってはいけない感情な気がして、どんどん苦しくなっていった。

"これを言ったら、子供たちにとっても失礼な気がして、
言ってる今でも正解なのかわからない。
言葉にすると、すごくひどいことを言ってる気がして、
自分のストレスに気づいてもらえないことが、すごく苦しい"

一番近くで、自分の本音を知っていてほしかった旦那さんに、
はじめて口に出して吐きだせた時、
同じ親としてスタートを切った父親である彼に、

その気持ちをちゃんと言葉にしてすべて伝えることで、
ただ感情をぶつけるのではなく、ちゃんと伝えることで、
自分でも楽になれたことを覚えている。

必要だったのは、"吐きだすこと"ではなく、"受けとめてくれること"。
吐きだせただけでは何も変わらず、繰り返しだけど、
「そうだよね」「わかったよ」「気づかなくてゴメンね」と、
相手の言葉が返ってきてくれたことによって、私の心はゆるまることができた。

完璧なんて、求めてはいないけど、5歳と2歳の姉妹を育てる家庭の中で
以前よりもたくさんの協力があり、シェアがあり、
共に育てていると感じながら生きている。

少しだけ、この場を借りて
「いつも、ありがとう」。

5. 育児とお仕事、私のバランス

"子供ができたら、仕事辞めて、子供たちといるんだ！" と言っていた私。
現在、2児の母として生きる私は、仕事を辞めず、仕事を大切にして成り立っている。
確実に矛盾しているのだけど、それが私の辿りついた選択であって、
これからも、このかたちを続けていくのだと思う。

最初、出産後の1年半を "長女とセットな自分" として過ごし、
それが良いことだと思い込んでいた。
ある日、外出すると、保育園や幼稚園に通っているお友達同士で、
はしゃぐ子供たちを見て、立ち止まる長女の姿を目にした。
そのとき、長女を保育園に入れてあげようと思った。

"自分といられることが、この子のすべて"
そう勝手に決めつけていた、私の母論。
"お友達と遊びたいんだなって、気づくのが遅くてごめんね" と思ったあの日。
その後、少し遅れて保育園に通い始めた彼女は、
時を重ねるごとに、お友達が増え、うらやましそうに眺めていた「お友達との時間」を
とても楽しそうに過ごしている。
おかげで、私もお仕事に集中する時間が増え、
子供も大人も、おうちでの時間を、更に大切にできるようになれたのかもしれない。

"親にしか、与えられないこと"
"親だけでは、与えられないこと"

どっちもあって、どちらも大切。
たくさんの愛と刺激を感じて大きくなってほしい。

2013年10月30日の出産から、
100%の自由時間というものをなくすことにもつながる現実。
命を守るために、時間の使い方を選択していく上で、
"母になっても、働ける場所"を与えてもらい、
"母になっても、求めてもらえる"ということの大きさに、そのありがたさに、
独身の時には気づけなかった。

全力で家族と向き合い、全力で仕事と向き合う。
よく両立しているお母さんとして言われるけれど、私にとっては
"両立させてもらっている"という感覚が強い。
2つがあるから、2つを大切にできて、
どちらも、どちらをも支える一部となってくれている。
私はこれからも、子供にも、仕事にも、
全力で向き合う、母としての女性でありたい。

6．ストレスは否定せず、受けとめてあげよう

現実には、しんどいことだっていっぱい。
制限されることいっぱい。
考えなきゃいけないことも、やらなきゃいけないこともいっぱい。
愛しいと感じて、涙が出るような出産直後から、
長距離どころじゃない、障害物レースがスタートしたみたい……。

いつのまにか"喜び"が当たり前の空気になって、
"幸せ"が、日々の慌ただしさとストレスで埋もれちゃって、
何が何だが、わからなくなる。
壁が出てくる。

"他の人の嬉しそうなこと、幸せそうなことは目に入りやすく、
自分だけが置いてけぼりな気持ちになる"

"怒ってばかりで、ムカついてばかりで、こんな性格が悪い自分がイヤになる"

"母親業は誰も褒めてくれない"

"ストレスで子供を怒ってしまう"

"どこに吐きだしたら心が埋まるのかわからないまま、止まってくれない
　２４時間３６５日がエンドレス"

"子供を産んだことで、夫婦としての距離はあいちゃった気がする"

きっと、こんなふうになっているママさんはたくさんいて、
疲労もストレスもゼロでいられるのは、神様くらいじゃないかと思う（笑）。

でも、私ごときの持論だけれども……
"大丈夫"
"きっと大丈夫"

子供に対する怒りも、生活のストレスも、旦那さんへの不満も……
自分が大切で、子供が大切で、旦那さんを求めてるから抱いてしまう感情だと思う。
その想いがあるからこそ生まれてしまう、感情だと思うから。

怒りも、不満も、悪いものじゃなく
向き合うための種にしよう。

7. 支えられる言葉、大切にしたい言葉

「ひとつの物事を、いろんな角度から見なさい」
いつか母に言われた言葉が、人生を重ねるたびに大切な言葉になっている。

仕事で苦境に立たされた時、
"辛い、苦しい、どうしよう"と一点で考えるより、
"このピンチからどうやって抜け出そう"
"今がどん底だとしたら、あとは上がることしか待ってない"
"今を乗り越えたら、これもまた経験になって自分を大きくしてくれるかも"
"よく聞く「ピンチはチャンス」が今なのかも"
などと、考えられるようになった。
マイナスばかりを見つめていたら、立ち上がれないという考えが、
私の中で生まれてくるようになったのも、この母からの一言のおかげなのかもしれない。
それは母親として、子供と向き合う育児の中でも生かされてきた。

"夜泣きが続いて、眠れず、心身ともに崩れそうな時"は、
夜中に眠ることが、当たり前だと思い込んでいるからしんどくなるんだ。
世の中には夜中に働いている人だってたくさんいるし、
夜行性の動物だっているし、"眠る時間"だと思わずに過ごしてみよう。

"思うようにゴハンを食べてくれない時"は、
"食べさせよう"とするから、食べてくれないことに怒っちゃうんだ。
子供が食べないうちに、自分がゆっくりゴハンを食べよう。
"食べなさい"って強いる母でいるよりも、そのうちに、子供がお腹を空かせて
"食べたい"と言うまでののんびり待てる母になってみよう。

"怒り過ぎてしまった時"は、
怒ってしまった事実はなくせないから、その倍、優しい言葉を届けよう。
理解してるかわからなくても、怒り過ぎて"ごめんね"の気持ちを、
親としてじゃなく、人としてちゃんと謝ろう。
"ごめんね"と"大スキ"をしっかり届けられる素直な大人でいよう。

視野を広くして、柔軟でいることは、
自分の感情をうまくコントロールするトレーニングでもあると思う。
少し見方を変えて、心をゆるめられるように、やわらかい頭で物事に対応していたい。

100％のポジティブはいらない。
でも、ゼロにはならないように、喜怒哀楽を楽しめる生き方をしよう。

"どうせ同じ1日なら、思いきり笑える1日"
"考え事は、お日様の出ている時間に"
"みんな違って、みんないい"
"すべての経験が自分の栄養となる"

追いつめられた時、
少し立ちどまって、こんな言葉を思い浮かべられる人でありたい。

8. "母と父""妻と夫"の切り替え上手に

我が家には、"パパ"という呼び方をする人間が1人もいない。
それが良いことか、悪いことかは別として、
私も子供たちも、出会った当初に私の付けた呼び方で彼を呼ぶ。
彼が私のことを"ママ"と呼ぶのは、子供たちとの会話の中だけ。

これは続けていきたいし、続くであろう、
私たちの"夫婦のかたち"のひとつだと思っている。
子供を授かり、子供を産み、家族になった今だけど、
私として、彼として、出逢って一緒になった時の感覚を、
父となり母となっても、お互いの名前をきちんと"個人"として呼び合うことで、
忘れずにいたいと思っている。

父であるけど夫であり、母であるけど妻であるという、言葉にすれば当たり前なことも、
親として奮闘する日々の中では埋もれやすく、後回しにしてしまいがち。
出産後から、夫婦ゲンカの理由が、お互いのことよりも、子供を通してのことが増えた現実。
はじめての育児の中で、そんな流れはあって当たり前なのだけど、
彼に怒る感情を、母から妻へと切り替えられる女性でいたいと思った。

そのためにも、お互いが2人の時間、2人の会話、
良い意味で母の感覚と父の感覚をなくして向き合う空間をつくるようにしていきたいし、
その部分をずっと大切にできる夫婦でいたい。

お母さんの時のままで、彼と向き合っても、きっと彼もお母さんとして見てしまうし、
せっかくの2人の時間がもったいない。

だから子供の前でのママの時間と、彼の前での妻の時間を
うまく切り替えられるような女性でありたい。

いつか子供たちが親元から巣立っていった時に、
また2人でデートを楽しめるように。
また2人でのんびりと過ごせるように。
今は、未来の夫婦への過程づくりであることを見失わず、
全力で、ママでも妻でもある自分を楽しもうと思う。

"マキは彼のこと、大スキなんだね"
お友達にいまだに言われる言葉。
恥ずかしいし、否定しそうになるけれど、
結婚して今なお相手を大スキでいられることは、
とてもありがたく、幸せなことだと感じる。
お互いを好きでいられるように、好きでいてもらえるように、
今を大切に進んでいこう。

9．無欲上手になろう

"期待"
"欲"
"願望"

無意識に抱えてしまいやすい3つの感情。
この感情を持つならば、責任を持たないといけないと、私は考えている。
誰だって人生の中で、欲を持つし、期待をするし、願望を抱く。
そのことが悪いのではなく、"描いていたものが、叶わなかった時"の
頭と心のコントロールができるようにしておかないといけない、ということ。

叶う可能性があると自己判断できた時に、
この3つは自分の胸に生まれやすいんじゃないかな。
だけど、
"思っていたより、うまくいかない時"
"叶わない時"
"全く予想していなかった流れになる時"
期待していた分、傷つくし、欲張っていた分ふがいないし、
願望が絶望みたいになりやすいんだと思う。

仕事でも、育児でも、それは人生のさまざまな場面で、
誰にでも当てはまりやすいことだと思う。
だけど、その"思うようにいかない"自分と向き合った時に、
誰かのせいにするのではなく、
自分自身を見つめ直せる人でありたい。

"子供を産んでから、10年後何をしていたいですか?"
と、ある取材で聞かれた時に、
"今は自分自身の10年後を勝手に描かないようにしています"
と、答えた。
それが3年後でも、5年後でも、その答えは変わらないと思う。

まだまだ、どんなことが待っているかわからない。
子育ての前半で自分の未来を描くより、とにかく今は、現状と向き合って
母として、お仕事と家庭をうまく両立できることだけを考えようって思うから。

"欲を持って苦しむなら、欲を持たずにのんびり進んでみよう"

いつかきっと、また個人として欲張れる時期は来るはず。
今の私はそんなふうに考えながら、自分の未来と向き合っている。

育児が落ち着いた頃に、もう一度、
思いきり欲張りに生きる自分を見つけてみたいと思う。
その時、やりたい、叶えたいことを、
わくわくしながら考えてみるのも、
またひとつの楽しみとなってくれているから。

10. 子育てのベースづくり

"狼の中で育った子は、狼みたいな人間になりましたとさ"
そんなお話があるように、初めてこの世に生まれてから、
見るもの感じるものが、彼女たちをゼロからつくり上げていく。

私は彼女たちが0歳の頃から
"母親のいない時間"、
"家族以外の人たちと触れ合う時間"
を、意識的につくり、感じさせるようにしてきた。

あえてその時間を見せてゆくことで、後で自分も彼女たちも楽になると思ったから。
生まれた頃から、
"ママの隣が当たり前"
"ママはいつでもそばにいる"
と、安心感だけをつくっていたら、少し大きくなって、
預けられたり、お留守番をする時に、
寂しさが倍増するし、突然、"いなくなったママ"に不安を感じさせると思ったから。

私がいないことで、そばにいる父親との関係も深まるし、
両親以外の人たちが、物心つく前から近くにいれば、人見知りで大変な時期も
少なくなるんじゃないかと思ってそうしてきた。

この考え方は、文章にすると冷たい考えにとられるかもしれないけど、
彼女たちが2歳と5歳になった今も、後悔することなく続いている。

子供の命を守り、愛を届ける親ではあるけれど、生まれたら1人の人間。
お互いが執着し、依存するような関係にはなりたくないし、
彼女たちと個人として向き合う自分であり続けたい。

私からしたら、2人の子供はライフパートナー。
これからも続く、長い年月を、お互いの人生のレールを並べながら、
支え合って進んでいきたいと思う。

私自身、子供と離れて、自分の時間をキチンと持つことで、
いろいろなスイッチの切り替えと整理をすることができ、
そんなふうに過ごさせてくれる子供たちに感謝し続けられるんだと思う。

"ほっておく育児"
"そばにいる育児"

彼女たちを観察し、感じとりながら、
どちらのかたちも大切に、一緒に成長してゆきたい。

11．残せる愛情、プライスレス

"スーパーのお買い物"
"エプロンのにおい"
"仕事姿"
これが私の、幼い頃の母の想い出。

お祖母ちゃん家の本屋さんで働いていた母は、
私が物心ついた頃には"働くママ"が、当たり前になっていた。

母がお仕事を終えるまで、裏のお祖母ちゃんの家で、兄弟、いとこ共に過ごし、
暗くなってから、ようやくおうちに帰る日々。
小学生になってからは、いわゆる"鍵っ子"で、母の帰宅を待つ生活だった。
お友達の家に遊びに行くと、いつもおうちにいて、
おやつを作ってくれたり、声をかけてくれる
"友達のお母さん"が羨ましくなることもあったけれど、
その分、私にとっては早く帰ってきた母と行く、夕飯のお買い物の時間が大スキで、
夜ゴハンを作るエプロンのにおいがする母が大スキだった。
食卓に並ぶ手作りのゴハンも大スキだったし、
夜遅くなった時に買いに行くお弁当屋さんも大スキだった。
きっと限られた時間の中で、母と出かけたり、
一緒の空間にいられる喜びが大きかったんだと思う。

振り返ると、常に一緒にいることが100点の育児でもなく、
"働くこと＝悲しませること"でもないことに気づく。

お仕事帰りの母との時間が、とても嬉しい時間となったし、
お留守番の間に過ごしていた兄弟やいとこたちとの時間や読書やお絵描きが、
楽しい想い出として、私の中に残っているから。

きっとプラスの記憶として私の中に残っているのも、
母が一緒にいられない分、一緒にいられる時間に
私の心をちゃんと埋めていてくれたからだと思う。

大人にとってはほんの些細な出来事でも、
きっと子供には大きく残る、喜びや悲しみになることがある。
いつか彼女たちが忘れてしまうことになったとしても、
些細な喜びを、日々の生活の中につくり続けていけたらいいな。

"手をつないで歩くこと"
"特別ね、と一言つけて、何かをさせてあげること"
"いつもありがとね、と伝えて、ママが大好きな気持ちを届けること"
"抱きしめて、キスをしてあげること"

プライスレスな愛情表現を、日々残すことができれば、
彼女たちがいくつになっても、笑顔をなくさずにいられるんじゃないかな。

12．家庭＝食事

私が生まれ育った家庭の想い出は、食卓が多い。
母が作った晩ゴハンを、兄弟と3人で満腹になるまで食べる平日。
父はお仕事だったけど、遅く帰ってくると、私たちの残り物で晩酌をして、
私たちに2度目の晩ゴハンをつままませてくれたりしていた。

家族5人でラーメンやお蕎麦屋さんやレストランに行く週末。
"何にするー？"と話しながら出発する車内を、すごくよく覚えている。

定期的にあった、お祖母ちゃんの家でのゴハンも、
大人たちは楽しくお酒を飲みながら、ずっとおしゃべりをしていて、
子供たちはゴハンを食べた後、自由時間として遊ぶ喜びがあった。

"食事は大切なコミュニケーション"
私が無意識に感じてきたこと。
父の日か母の日に、初めて肉野菜炒めを夜ゴハンに作ってあげた記憶も、
"おいしい!!"と言われ、とても嬉しかった喜びも、
母になった自分に、今もなお響いている。

"食事＝想い出"
私たちが今、築いている家族でも、そんな"家族の記憶"を残せたらいいな。
日々のゴハンをそろって囲む景色を、
いつか大人になった彼女たちに、思い浮かべてもらえたら幸せに思う。

なるかならないか、なんてわからないけれど、
そうなったらいいな、って思っている今日は、
日々の食事を楽しんで作り続けよう。

それは、何より私がやりたいことだから。

Let's have a CHAT!!

子育て、夫婦関係、仕事、ライフスタイル……。
インスタグラムにお寄せていただいた悩みや質問に
現在の西山茉希なりに、お答えしました。
悩んでいるなら、話してみるのが一番★★★

Question. 1

9歳の娘がいるシングルマザーです。専業主婦になって子供の帰りを待つのが夢でしたが、娘が2歳の時に離婚して、それからずっとフルタイムで働いてきました。訳あって、先日仕事を辞め、今は求職中です。働かなくてはいけないことはわかっているのですが、娘に毎日いってらっしゃいと、お帰りを言ってあげられることに幸せを感じています。多少生活が苦しくても、娘との時間が持てるパートで働くべきか、生活のために娘にガマンしてもらい、フルタイムで働くべきか迷っています。

毎日のお母さん、お疲れ様です。
生活のための経済力、子供のためなのに子供と過ごす時間を削ることにつながる現実。どちらを選んでも、それが正解だと言い切れることはないんじゃないかなって思います。でも、きっと私だったら、9歳のお子さんと2人で、"2人の生活のかたち"を話し合ってみるかなぁと。
どちらを選んでもプラスとマイナスはついてくるなら、どちらのマイナスなら2人で乗り越えられるかをお互いの意見を出し合ってみる気がします。選んでその道を進んだ後に、何があったとしても、「どうしてこっちを選んだんだろう」ではなく、「こっちを選んだんだから仕方ない！」と、お互いが思える選択ができたらいいですね。

Question.2

家族のことを優先してしまう自分。そして反対にすべてを自分優先で考える旦那。産後クライシスなんて甘っちょろいもんじゃないくらい旦那がイヤになっています。いるだけでストレス。いなくなればいいのに、と思ってしまうことも。ネットでもなんでも「旦那を育てる」と書いてあるのですが、旦那って妻が育てなきゃいけないんですかね？

Answer!

私は、"旦那は育てろ"という考え方があまり好きではなく、そのような気持ちで今までやってきてはいません。"育てる妻"にはなれないと思ってやってきています。だけど、「我慢する自分」「なんでも自分が受けとめる」というのは、子供を産んでからやめました（笑）。「そっちがそれするなら、こっちにもそれをする権利はあるよね」「できるだけのことは妻としてやるけど、育児はフィフティー・フィフティーでいこうよ」と、自分のストレスやわがままも、吐きだすようになりました。男性は思っている以上に言葉にしないとわからないような気がします。喧嘩になっても仕方ないくらいの気持ちで、自分の素直な感情を吐きだしたほうが、結果的に相手に対しても正しいのではないかと……。吐きだすようになってから、我が家は協力してもらえることがたくさん増えたよ(´ー`)。育てるのではなく、向き合えるように、自分自身も努力することを大切にしています。

Question.3

お仕事の日と、お休みの日、1日のルーティンが知りたいです！

Answer!

- 朝起きる ➡ 朝ごはん用意 ➡ チビーズ起こす
- ➡ 支度させる ➡ 保育園へ
- ➡ 自分の時間（仕事やプライベートや、メンテナンス）
- ➡ 夕方帰宅 ➡ 夜ご飯準備 ➡ お迎え ➡ 夜ご飯
- ➡ お風呂に入れる ➡ フリータイム ➡ 消灯だいたい22:00

083

Question.4

マキちゃんの娘さんたちは、とても仲良し姉妹だと思いますが、ケンカした時はどのようにしていますか？ ウチも姉妹ですが、毎日ケンカ状態で、親もイライラしてしまう悪循環が続いています。仲裁に入る方法や、子供がケンカした時、親として絶対やらないと決めていることがあったら教えてください。

基本的には仲がいいと言われる2人ですが、喧嘩ももちろんします。でも、喧嘩はほとんど、ほっておきます。聞き分けがあるのは長女ですが、それはただの成長の差であって、次女が悪いわけではないので、2人の喧嘩は2人に向かって「ママ知らないからね」「2人ともうるさいから、2人とも喧嘩おしまいにするか出てって」と、セットで切り離します。そうすれば2対1で、2人の絆が強くなるかなぁと、勝手な判断ですけどね(笑)。

意外に「うるさい、うるさい、うるさーい!!」と、こっちがジタバタ子供みたいなことをすると、キョトンとして喧嘩おさまって笑ってたりしますよ。(´ー｀)

Question.5

お仕事忙しいのに、なんでそんなにお料理頑張れるのですか？？

頑張っているのではなく、楽しみながら続けられています。好きだからできること、好きだから継続があります。創作が好きな自分はラッキーなのかもしれません(笑)。

空腹が埋まってくみんなの顔が大好きなのです。

Question.6

もうすぐ5歳と2歳の女の子のママで、現在妊娠中です。次女が生まれる時は「長女のように愛せるのかな?」なんて思っていたほどなのに、生まれてからは次女が可愛くて仕方なく、長女に優しく接することができません。つい、しっかりして欲しくて、厳しくしてしまいます。たまたまお姉ちゃんとして生まれただけで、甘えたいところを抑えつけてしまっているようで、可哀相と心では思うのですが……。どうしたら気持ちに余裕ができて、平等に接することができるのでしょう?

Answer!

怒ったり厳しくしたりしてしまったとしても、彼女に対する愛情があるのであれば、その想いも言葉で伝えてあげればいいのかなぁと思います。
大人の反省は、子供には届いていないし、親にとったら子供が2人でも、彼女にとってママは1人だから。私は長女に、キツく怒ったりした後、きちんと向き合って「ごめんね」を届ける会話の時間を持ちます。「ママは嫌いで怒ってるんじゃないんだよ。怒る時もあるけど、いつでも大切で大好きなのは変わらないんだよ。さっきは怒り過ぎてごめんね」と、すべて伝えます。長女とは2人でデートの日を作って、ママ独り占めのスペシャルデーを半年に1回くらい実行していますよ(´ー`)。年齢差があるので平等は難しくても、心を埋めてあげる方法はあるのではないでしょうか☆☆☆

Question.7

5年後、10年後にどんなビジョンを持っているのか知りたいです。

Answer!

今は明確には持ってないです。
子供たちが小さいうちは、
自分で勝手なビジョンをつくらないことにしています。

Question. 8

主人が2歳の息子に本気でイライラしたり、怒ったりします。子供が私ばかりになついて、パパがそばに行くだけで「いや!こないで!!」と言われ、更にイライラ……。主人も平日は仕事で、土日も半日程度しか会えないので、息子も余計にパパに甘えられず。息子が「ママがいい!」と言うと、1人で部屋にこもったり、「お前にばっかりなついていいよな」と言ってきたりして、2人の関係性が改善されません。主人と息子に、どうしてあげればいいのでしょう?

Answer!

私はそうなることが嫌だったので、強制的に父と子を置いて、ママが留守になる時間をつくってきました(笑)。いざ、お互いしかいなければ、なんとか一緒に過ごすようになって、知らない間に絆が深まっていったりする気がします。無責任な考え方ですが、無責任でいる時間をつくることが、留守番チームの連携を取らせたりするような気がしている、今日この頃です。(´ー`)

Question. 9

小学2年生と4年生の娘がいます。下の子が生まれてすぐ離婚して、シングルマザーになりました。今は契約社員としてフルタイムで働いていますが、金銭的に苦しくなってきて仕事を増やすべきか悩んでいます。上の娘は「夜、毎日じゃなければ大丈夫!」と言ってくれますが、下の娘は「寂しいからヤダ!」の一点張りです。私も娘たちとの時間をこれ以上削りたくない、でも生活のためには仕事を増やさないといけない……と悩んでいます。マキちゃんなら、どうしますか?

Answer!

その状況をすべて子供に言葉で伝えます。そして、必ず仕事を休む日を確保して、その日はご褒美dayとして、ママととことん満喫する特別日にします。夜更かしとかしても全然OKな。その日に向かってみんなが他の日を乗り越えられたらいいなって。実際やってみないとわからない部分が多いとは思いますが、今の私にはこの案が浮かびました。

Question.10

マキちゃんの料理の発想はどこから来ているのか知りたいです！

Answer! 頭の中でひらめいたものを実践しています☆☆☆
創作が好きなのです。(´ー`)

Question.11

ネガティブにとらえてしまうことが悩みです。他の人から気にするなと言われても、他の人が関わっている場合、ずーっと何年も落ち込んだり、忘れられなかったりします。マキちゃんはネガティブになること、ありますか？

Answer! 私も、ネガティブというか、"気にしすぎ、考えすぎ"だとは、友達からよく言われます。自分でも自覚しています。でも、「なるようになる！」と、振り切ることも得意かもしれません。ここ数年で、同じことをどれだけ自分で考えていても、行動しなければ意味がないことを感じ、気になったり、考え続けるくらいなら、吐きだして解決に向かうようになってきました。せっかちになったのかもですね(笑)。

Question. 12

「この仕事してて、よかったな」って幸せを感じる瞬間はどんな時ですか?

この質問に答えている今、この仕事をしていてよかったなぁ、と改めて感じております。いろいろな喜びを思い出せる質問でした。

Question. 13

4歳と1歳の男児の母です。妊娠前からファッション、旅行、美容が大好きだったのですが、産後なかなか自分の好きなことができずにいます。服も好みより、動きやすさが優先で……。子供は愛しいですが、なんだか物足りない。充実とは言えないです。もうすぐ仕事に復帰します。マキちゃんは毎日楽しんでいますか? やりたいことできていますか? ニコニコキラキラした、マキちゃんみたいになりたいです!!

子供たちを楽しませる分、私自身も楽しんでます! 与えるばかりじゃ疲れちゃうから、自分の喜びもつくっています!「子供にばかり合わせなくても子供は育つ」それが私のやり方です。(´ー`)

Question. 14

家事と育児と仕事を掛け持ちするにあたって、「これだけは絶対にする」「これだけは絶対にしない」と決めていることはありますか?

"他の家と比べることはしない"。
我が家は我が家スタイルで☆☆☆

Question. 15

仕事をしながら、7歳の女の子を育てています。マキちゃんは子供を預けて、夜に外出したりしますか？ 仕事をしていると、おつきあいの誘いがたまにあるのですが、主人は出張が多く、平日はワンオペ育児のため、すべての誘いを断っています。両親は近くには住んでいません。子育てに仕事にと充実していますが、最近、子供抜きで息抜きの時間が欲しいと思っています。昼ではなく、ママの夜の外出についてどう思いますか？

Answer!

私は長女が1歳くらいからしてますよー！
最初は抵抗がありましたが、その時間と、その時感じられる交遊が、自分のストレスを発散し、叶えられた感謝の分だけまた翌日から頑張れるから、大切なサイクルのひとつです。
今では旦那と、お互いにポイントdayとして外出していい日を与え合って、成り立っています☆☆☆　旦那さんのタイミングで、お母さんのポイントデーもつくれたらいいですね☆☆☆

Question. 16

家事、子育て、お仕事、お友達づきあいと、忙しい日々にもかかわらず、ますますキレイになっていくマキさんの美容法、むくみ対策などありましたら、教えてほしいです。

Answer!

お風呂での発汗。これだけは欠かせません。

Question. 17

結婚して13年になります。子供はいませんが、夫とは仲がいいです。でも、友達が少なく夫以外に話をする人がいません。何か趣味を持つことを考えていますが、趣味を見つけられず、新しいことにチャレンジするのが苦手です。人生を変えるきっかけって見つかりますか？

Answer!

13年たって、旦那様と仲良しだと言えること、一番の話し相手だと言えること、それ自体がとても素敵なこと。新しいことが苦手なのは、現在の自分に、ある程度満足しているということの裏返しでもあるのではないでしょうか。無理に新しいものを取り入れなくても、今あるものを大切にする時期として、焦らず進むのもありだと思います。

出逢うべき時に、何かしらと出逢うはず☆☆☆

Question. 18

順調にいけば、来年の春、第2子が生まれます。前回同様、切迫早産になると入院ですが、マキさんもそうでしたよね？　上の子には精神的にはどうでしたか？　生まれてからもちゃんと構ってあげられましたか？

Answer!

2カ月ほど突然家からいなくなった母親となり、再会の日は私が大泣きでした。会っても一緒に帰れない悲しさを与えるから、私たちは入院中、テレビ電話も面会もしませんでした。退院してから、ぎこちない空気があったのも確かですが、それから出産の日まではずっとそばにくっついて、2カ月分の感謝と"ごめんね"を届けました。

大きなお腹の中にいる妹を、一緒にさすってくれたり、声をかけてくれたり、彼女の優しさが本当にありがたかったです。妹を嫌うことなく、へその緒を切り、生まれたその日からとっても優しいお姉ちゃんでいてくれています。彼女への感謝は、生まれてからも忘れずにいますよ♥

Question. 19

私も娘が2人いますが、旦那さんとの育児バランスはどうしていますか？

どうしても私のできることのほうが多くなってしまいますが、それでも年々協力してくれる部分が増えて、子供たちに好かれているので満足しています。私が埋めてほしい部分をきちんと埋めてもらっているような感じです。(´ー`)

Question. 20

昨日、ものすごくイヤなことがあって、泣きながら帰りました。仕事先のマネジャーからは評価していただいていますが、それをよく思わない先輩からいろいろと言われて……!!
今、辞めたいと思うほどイヤでも、負けたくないです！　どうすればいいでしょう？

その人たちを見返してやるくらい、もっともっと突っ走る！！！(笑)
向き合うだけ損っ☆☆☆

Question. 21

仕事がしんど過ぎて、でも頑張らなきゃ！って気持ちが強く、なかなか休みの日や帰ってからのストレス発散方法がわからなくなっています。家に帰れば家事、旦那のグータラで余計にドッと疲れてストレスがたまる……マキさんはどうやって仕事とプライベートのON・OFFを切り替えていますか？　ストレス解消方法も教えてほしい！

自分だけ我慢してると思う前に、休息やご褒美は自ら発言して確保しています！　ONとOFFがないと、誰だってしんどいですよね☆☆☆

Question.22

可愛いし、まだ小さいから、というこちらの理由で甘やかしがちな私です。マキちゃんがお子さんに躾を始めたきっかけや理由、躾の方法を教えてください。

Answer!

甘やかしは数年後、彼女たちにとって毒にもなりうると考える派だったので、甘すぎる育児はしてきていません。かといって、親の勝手な厳しすぎる躾も、自己満でしかなさそうなのでしていません。
生活の中で、人としてのルール、マナー、命にかかわる部分に関してだけは、大人と同じように対等に教えてきているつもりです。あとは彼女たちだって今後、自ら学んでいくことも山ほどあるだろうなぁと思って、
気楽にやらせてもらっています。

Question.23

小学2年生の娘がいるのですが、勉強苦手＆スポーツ苦手＆内向的で全く取り柄がないんです。特にスポーツは何をやらせてもダメで、徒競走なんて幼稚園の時からビリ。ボール系のスポーツもドリブル＆キャッチができないという致命的な運動音痴！！ 子供の良いところを伸ばしてあげたいって思うのですが、何をどうしてあげたらいいのか、本気で悩んでいます。

Answer!

特技が見つかるのが遅いだけで、突然予想外の特技が出てくるかもしれませんね！ スポーツの得意な子が目立つ年頃でもあると思います。苦手なら苦手で、"その子の個性"でいいのではないでしょうか。何かしらの特技は、まだ本人すら気づけていない部分にあるのかもですし(´ー`)。私だったら、とりあえず苦手な分野は娘と2人で笑い話にして、真剣には向き合わないかもです。私自身も親から「マキはビリなのにニコニコだったのよ〜！」と言われ、未だに母娘で笑えていますよ☆

Question.24

2歳半の男の子と8カ月の女の子を育てています。マキちゃんはいつも大勢のお友達に囲まれて、来客も多く、すごく楽しそうで羨ましいです!! 家事や育児、仕事がある中で、頻繁にご自宅に皆さんを招待すると片づけなど、ますますやることが多くなって忙しくなりそうですが……。疲れに負けず、毎日を楽しむコツはありますか? また、どんな時に幸せを感じますか?

Answer!

疲れたと思うと、どんどん疲れてしまうので、疲れたと感じたらお風呂にゆっくり入るか、銭湯の時間をつくってリセットします! 自分の好きなもの、喜ぶこと、癒されるものが明確にわかっていると、楽しめる時間をつくりやすいかもしれません。お風呂とお酒と料理と人。私は自分の好きなものに敏感なほうなのかもしれません☆☆☆

Question.25

仕事をするうえで、理不尽なことや納得いかないこともあると思いますが、その時、マキちゃんはどのように対応されてますか? 私はずっとイエスマンだったのですが、先日どうしても納得がいかず、上司たちに感情をぶつけてしまいました。後日、感情的になるなと、指摘されてしまいました。どのような対応をすればよかったのかと悩んでいます。

Answer!

その場で「感情的になるな」と返ってきても、相手の耳には自分の意見が入って残ったはずだから、後悔はしなくていいと思います。いつでも従う人間だと思われるよりも、きちんと意見を持っていることが、その人の魅力にもなるのではないでしょうか。受けとめることに慣れている人が自己主張をすることは、とてもパワーのいることだけど、まずは自分の気持ちをスッキリとさせた状態でお仕事と向き合えることがベストですよね。反省があれば謝ればいいし、意見があれば伝えればいい。素直でいることを大切にしたいです。

Question. 26

私は大学生です。今まで「将来、こうなりたい！」という夢がありました。でも最近、
現実的に考えるようになって、本当にこれでいいのか、本当になれるのか不安になり、
将来のことを悩むようになりました。マキさんは夢について悩んだことありますか？
マキさんなら、無理だと思ったものに対して現実的に考えて諦めますか？　諦めない
で夢を追い続けますか？

Answer!

高校3年生から卒業して半年くらいの間、夢がないことに悩んでいまし
た。向かうべきもの、責任を持つ覚悟を決められる道が見つからず、
卒業まで進路が決められない生徒でした。でも、もし、やりたいこと
があったら、興味と憧れが埋められるまで、とことん向かってみる派かもしれません。
中途半端にやって挫折したら、一生後悔が残って
しまいそうな気がして怖いタイプです。だったら
思いっきり当たって砕けたほうがいいです！

Question. 27

5歳の娘と生後9カ月の息子がいます。娘は幼稚園でできないことにチャレンジしよう
としません。失敗するのが恥ずかしいみたいで、できそうなことにも、なかなか挑戦し
てくれません。勝ち負けもイヤで、勝負事も嫌がります。このままでいいのでしょうか。
マキちゃんなら娘さんにどう言いますか？

Answer!

今の彼女の性格を、無理に変えようとはしないかもです。
きっと、ふとしたときに挑戦できたり、勝負に向き合ったりする場合も
全然あるんだと思います。親が焦るほど、子供社会はせっかちでもない
し、これから芽生える感情や性質だって山ほどだと思うので、子供の成長を大人の
モノサシに照らし合わせないように気をつけようと思って子供たちと歩んでいます。

Question. 28

いつも楽しそうにテレビに出ているマキちゃん。多分、やりたくない仕事や辛い仕事もあると思うけど、辞めたいなぁーって思ったことはありますか？　その時はどんなふうに乗り越えましたか？

「バレーボール部時代に、監督から鬼のようにシゴかれた時よりはましだ」と、過去の自分のしんどかった経験を掘り出して、天秤にかけて乗り越えます(笑)。

Question. 29

結婚・出産にあたり、妻となり、母親になることに恐怖や不安はありませんでしたか？　私は自分が未完成な人間過ぎて、本当に誰かの妻や母親になれる資格があるかわかりません。

私の周りにも同じような考えの人がいます。しっかり考えているからこその意見だなぁと思います。私は家族を持つことが、描く将来の一番にあり、夢としても抱いてきたので、覚悟は決めたものの、不安や恐怖はあまりありませんでした。でも、不安や恐怖が生まれる人とは、結婚まではいけないと思うので、つながる相手との関係性なのではないかと思います。不安や恐怖を埋めてくれる方と出逢えたら、素敵ですね☆☆☆

Question. 30

人生で大事にしていること、言葉があれば教えてください。

「まぁ、いっか！」
『ドラゴンボール』の悟空みたいに、
芯があるけど呑気な穏やかさを持つ人でありたい。

ママ座談会

Symposium of MOM

世の中のお母さんたちは、どんな子育てをしているの?
ここではさまざまな年齢のお子さんのママたち4名と、
子育てのこと、家族のこと、いろいろ楽しくお話ししました。

座談会メンバー

内山育美さん
アパレル販売員
7歳と4歳の娘の母

飯塚悦子さん
会社員
8歳と4歳の息子の母

石山裕美子さん
主婦
8歳の息子の母

村上いつ子さん
自営業
18歳と16歳の娘の母

「子供のため」に正解はない?

内山:私の仕事は、土日祝日が休めないんです。主人がみてくれているので、私は仕事ができるのですが、娘たちが「お母さん、今日も仕事?」って言う度に、胸がギュッとするんです。でも、子供を優先すると生活に支障が出てしまうから、どっちを優先するべきなのかを考えてしまいます。

MAKI:今回、この本を出すにあたってインスタで悩みを募集したら、世のママたちには内山さんと同じような悩みが多かったんです。この間、私も土日の仕事が続いて、久々に土日に一緒にいられる日に、子供が「今日は一緒にいられるんだね〜」と言った時はすごくグッときました。大人の判断で、仕事だか

ら、子供といる時間だから、って切り替えても、子供からしたら、単に「いるか、いないか」だけの話なんだってわかって……。だから私も凄くわかります。でも、それを突き詰めて、それらしい答えを出そうと思っても、現実問題無理な話だし、一緒にいられる時間に、たとえば、平日の夜ゴハンや寝る前のちょっとした時間でも、ママと過ごす時間をどれだけ充実させられるか、ということなので、疲れてたり、イライラして「ママ、疲れてるから」とか言ったりしないで、できるだけ子供がやりたがることには対応したいなと思ってます。逆に、村上さんのお子さんはもう高校生ですけど、過去のそういったことはどのように乗り越えられたんですか？

村上：晩ゴハンを一緒に食べればいい、というふうにしてました。その日、晩ゴハンをワイワイしながら食べれば、特にどこかに行かなくても、それだけで楽しい。仕事が終わったらダッシュで帰宅して、土日仕事の時は、ドーナツをお土産にしたりして。

MAKI：実家が近ければいいけど、親とも離れて1人で…って結構しんどいなぁって思うことありますよね。

石山：自分って頑張ってるなぁ……って時ありますよね。

MAKI：お祖母ちゃんが生活の中にいる家庭とか見ると、正直すっごい羨ましくなるけど、比べても自分がしんどくなるだけですよね(笑)。石山さんの息子さんは8歳？ 2年生くらいになるとどんなですか？ まだ、ずっとママにいて欲しい感じですか？

石山：生意気に、「働いてもいいよ」とか言うんです。でも働くために、息子の習い事の場所を近所に調整しようとすると「いやいや、それは困るな」みたいな感じで。僕の今の生活を変えないなら、ママも働いていいよ、みたいな感じです。

MAKI：ウチはまだ習い事をさせてないんですけど、通わせるお金も労力も時間もかかるから、今そこまでできないかなぁ……って、まだ踏み出せずにいます。でも、周りは習い事をさせている方がすごく多くて、させてないことが、いけないような気がして焦るんです。自分が田舎で育っているので、東京で産んだ時に、公立・私立とか、当たり前のスタートラインが違ってて……。

村上：うちの子たちはみんながプール行ってるから、プール行く！って感じではなかったですよ。

MAKI：何か習い事はされてますか？

子供の"習い事"気になります

村上：7年ほどバレエをやってました。やってよかったのは、舞台に立つから度胸がよくなったこと。送り迎えと発表会の裏方で、ほんとに大変でしたけど（笑）。

MAKI：お母さんが裏方やるんですか？

村上：そうですよ〜、もう全部！

MAKI：大変だ〜。でも、ママが支えてくれた発表会の舞台に出ることで、お嬢さんは自信を得ることができた。それは家族とでは決して得られないことですよね。親から離れて、自分で、1人でやるから身につくことですもんね。そういう話を聞くと、そろそろ考えちゃいます。内山さんのお子さんは習い事されてますか？

内山：うちの長女はもともと水が苦手だったので、これは小学校入ってから厳しいな、と区営の週1のスイミングに通い始めて、今は週4通ってます（笑）。泳げるようにもなって、水もぜんぜん怖くなくなりました。そこから内面が変わって、社交的にもなって、お友達も増えたんです。ひとつのスイミングでいろんな人生経験を得ることができたのかなと。

MAKI：夢中になって、積極的にやりたいと思えることがあるってすごく素敵なことですね。

飯塚：それが、小さい頃に見つかるのっていいですね。

村上：子供の頃に成功体験を得るのは、とっても良いことですよね。

子供との時間を増やしたい……けど……

"しんどさ"のピーク

MAKI：お子さんが何歳くらいの時が一番しんどかったですか？

村上：下の娘が産まれた時、長女はまだ2歳なのに歩いてもらわないといけない。でも、ベビーカー、いいないいな、って泣くし……。あの頃が一番つらかった。

MAKI：インスタのコメントにも、2歳違いや年子で産むと、どうしても上の子にばかり怒ってしまうのが悩みのママがたくさんいました。ウチは3歳違いなんですが、やっぱり上に厳しくなっちゃう時があります。

村上：そうなりますよー！　私も上の子に怒って、暗い部屋にバン！って閉じ込めちゃったこともあります。「牛乳をこぼしただけで、すっごいキレられた」って、いまだに言われます（笑）。

MAKI：多分、他の誰よりも、子供が一番性格の

なるほど！

悪い私を見てるかも。こんな怒り方、人生でしたことないですもの。鬼みたいな自分が出てくる(笑)。娘と私だけの感情のぶつかり合いになるから、ブレーキが利かなくなるんです。で、娘1人に、ガーーー！って怒っていると、もう1人の娘がかばいだすんです。

村上：ウチの娘たちもします(笑)！

MAKI：ですよね？ 「ママって怒ってるよね〜」とか2人で言い出すから、「今、ママに話しかけないでーーー！！！」って、最悪な状態に。でも、インスタで同じような悩みを持つママが、たくさんコメントくれて共感しました。そういう最悪な自分を吐きだして、分かち合える場所があるといいですよね。普段の生活ではあまり口に出せないから。

内山：ウチはうまくやってますよ〜って、キレイなとこしか見せない(笑)。

MAKI：そう！ SNSでも皆いいことしか書かないから、そういうの見てると「なんでウチだけこんなふうになっちゃうんだろう」って悩んでしまうけど、「そうじゃないよ！」って言い合えることが必要ですね。

飯塚：どこかで見たんですけど、マキちゃんがストロング缶飲んでると、些細なことでは怒らない気分になる、って言ってて、それって幸せのかたちだなぁって思いました。

MAKI：ハハハ(笑)。子供に対しては一生懸命やっても、答えがわからないナゾな着地ばかりで、いっぱいいっぱいになる。2、3歳の子供が「そうだよね、ママだって頑張ってるんだもんね」なんて、理解してくれるはずないから、こっちがいろいろな方法で自分をコントロールするしかない。子供のために自分を削ってばかりいたら、心がスカスカになる。だから私は自分の好きなお酒の時間、自分の好きなお風呂の時間というのを強制的につくりました。お風呂の時間には「自分たちで過ごしてね」と、娘が1歳から仕込んでます(笑)。ママ先に入るから、呼んだら2人もきてね、ってスタイルをつくりました。これだけやっているんだから、いいよね、って自分に言い聞かせて。それからは、あまりテンパることもなくなりました。ストレスは、抜ける時に自分で抜くようにしてます！

「叱る」のは親の仕事？

MAKI：男の子って、どんなふうに手が掛かります？ 小学2年生の男の子って甘えてきます？

石山：「私の存在に気がついてるかな？」って感じで

男の子は異星人みたい！

す。例えばスイミングとか見にいっても、あぁ、来てたの？　みたいな感じで、「ほっとけ」みたいな(笑)。甘えるのは家でですね。
内山：ドアを出たら、俺は男だから、みたいな？
石山：そういう所はあるかも。外だと、口調も荒っぽくなったりしますから(笑)。
MAKI：他のお子さんの話って、楽しく、ほほ笑ましく聞いちゃう(笑)。でも、そういうふうに普段ならキー！って怒ってるようなことも、他の人に話して笑い話にしちゃえば、心の中が軽くなりますよね。村上さんは18歳、16歳の娘さんと、親子のコミュニケーションはどんなふうになりましたか？
村上：小6くらいから長女は上から目線です。私はママの扱い方をわかってるって言います。でも下の子はいつまでたっても幼稚園児。私もそんなふうにチヤホヤ扱ってしまって。
MAKI：女3人で、お出かけしたりしますか？
村上：ゆうべも3人で晩ゴハンを食べに行って、ずっとくだらない話をしてました。家族っていうかもう、友達感覚ですね。

MAKI：いいですねぇ。落ち着いて、外食を楽しめる親子って憧れ。ウチはまだまだ(笑)。外より家のほうが楽ですね。
内山：まだ、制約がある年齢ですよね。食事を与えることをこなす、という感じになりますよね。外食が疲れるのわかります。
村上：でも、マキさんは女の子2人だから、きっと一気に楽になると思いますよ。
MAKI：楽しみにしてよっと(笑)。男の子ってママにとっては小さい恋人だから、自立してしまうのは寂しいと聞きますけど、そういう感情はありますか？
飯塚：上の息子は抱きしめても、硬くなってて男っぽいんです。4歳の息子はまだムチムチしてて子供らしいから、小さな恋人感があるかも(笑)。
MAKI：男の子のママって、自分と性別の違う人間を育てないといけないから、「私、その感覚持ちあわせていないんですけど！？」、みたいな感じになりま

叱っても、息子には響かないんです

男の子って、おもしろいですねー(笑)

せんか？
飯塚：そうですね。うちの息子と石山さんの息子さんは、授業中に一緒にサボったことがあります。(飯塚さんと石山さんの息子さんは同じ学校の同級生)
石山：「もう2人で出て行きなさい！」と先生に怒られたのを真に受けて、学校からいなくなり事件になりました。
飯塚：「ランドセルがあるのに学校にいません！ 警察に連絡します」と、大騒ぎに。
MAKI：どこにいたんですか？？？
飯塚：2人で、ウチでパーティしてました……。

全員：(爆笑)
石山：息子は飯塚さんの息子さんにパスタをご馳走になったそうです……。
飯塚：私がいつも作り置きで、ストックしていたものをチンしたそうです。
MAKI：可愛すぎる!!!
内山：今は笑い話になるけど、ママたちは大変でしたよね。
石山：学校中の先生を動かせてしまいましたから。
飯塚：危うく警察まで出動するところでした！
村上：どういうテンションで怒るんですか、そういう時。

石山：「ぜったい許さん！」って感じだったんですけど、先生方が温かくて、ぜんぜん怒ってないのを見たら、出鼻をくじかれてしまいました。

飯塚：ウチは押入れに入れるお仕置きをしたんですが、やけに静かだな？と思ったらグーグー寝てました。

MAKI：(笑)(笑)(笑)！ でも、他人の大人から教わったり、怒られたりするほうが響きますよね。ママには「イヤ」が通じるけど、保育園や学校だと通じないから、やり方を学んでくる。それは親子の間では教えられないものだから「外で、感じてこい！」とドンと構えていられればいいですよね。

内山：家庭という小さな世界より、外の世界はもっと刺激もあったり楽しいこともある。辛いこともあるかもしれないけど、キラキラしたものもある。何かあった時はもちろんケアするけど、いってらっしゃい、とできるようになりたいですね。私たちも時間できるし、子供たちも成長できるから、お互いにとってもいいですよね。

主人と週1でデートしてます

妻？母？どうありたい？？

内山：ご主人と2人の時間とか、2人で出かけることってありますか？

村上：ここ5、6年は週1でデートしてます。

全員：ええ！素敵ーーーー！！

村上：子供が2人とも中学に入って大きくなったので、休みの時に、ランチに行ったり、日帰りで温泉行ったり……、だから続いているのかな。ケンカしても、その1日があるから仲直りできます。

MAKI：素敵ー！！！

石山：子供が小さかった頃は、預けて出かけたりしてましたけど、今は家族全員ですね。

MAKI：お互いのお誕生日は？

石山：家族で出かけます。

MAKI：ウチは子供産んだ後、ケンカが増えたんです。でも彼が結構鈍感なので、私がイライラしても、「映画行く？」とか誘ってくる。でも、2人で過ごしてると割と平和。そこで、結局ケンカの内容が子供中心なことに気がついて。ということは、ケンカで彼を判断してはダメ。それがわかってからは、2人の予定が合った時は、2人の時間を大事にするようにしてます。記念日には、子供を預けて、どこかに行ったり、2人で過ごしたりするようにします。2人の時間を大事にしないと、お母さんなのか妻なのか、わからなくなりそうで。

内山：私も出産後、夫とうまくいかなくなって、仲良しのママ友に相談したら「それはデートをすべき」と

言われて、2人で出かけた時に初めてちゃんと1対1で話せるようになって。私はもっと2人の時間が欲しいと伝えたら、「そうだったんだ」と理解してくれて。
MAKI：男の人って、ほんと気がつかないですよね(笑)?
内山：ですよね??　でも、話したことで理解し合えたので、今は2人の時間をつくることはできるようになったし、お互いを個人として見られるようになったし、ケンカがなくなりました。
MAKI：育児に奮闘しているのに、女性としてありたい自分もいるから、いっぱいいっぱいになる。でも、相手は「最近すごい怒ってるね」みたいな(笑)。私が怒ってる理由が、"旦那さんとゆっくりすごしたくてイライラしてる"、という発想がないんだろうなぁ。だから、ちゃんと言葉で伝えることは大事だと思っています。

村上：私はママじゃなくて、妻じゃなくて、女性だと、ずっと口に出しています。お互い、記念日はメールではなく、手紙を交換してます。
MAKI：そういう素直な気持ちが大事ですよね。
村上：そうですね。素直は大事かも。大喧嘩した時は、もうやだ！って思いますけど、便箋にバーッと書いたら、なんかスッキリしちゃって。
MAKI：素直に向き合う時間を持つのは大事ですよね。思いきってご主人に話してみたり、常に口にすることで、ご主人も理解できるし、男女として変わらずいられる。ママでも、1人の女性であり続けられるように、自分からも関係を築いていかなければいけないんですね。今日はママ年齢が5歳の若輩者の私が、いろいろ知ることができました。ありがとうございました!!

ありがとう
ございました☆

西山茉希ってどんな人??

WHAT PERSON IS

山田優さん (モデル・女優)

「めちゃくちゃ繊細で傷つきやすいまきさん。
いつも、家族みたいに私のことも気にしてくれて、支えてくれて、ありがとう!
とにかく、大好きで、最高で、これから、
一生付き合っていきたい、熱いやつです!」

玉袋筋太郎さん (全日本スナック連盟会長)

「職種も性別も、なにからなにまで違うのに、付き合いがよくて、
なぜかウマが合ってしまう。
マッキーに触れた人たちは、俺に限らずみんなそう感じるだろう。それが、西山茉希である。
仕事に子育てに、本当に一生懸命頑張っていると思う。
そっちのママ業も大変だと思うけど、いつかはスナック玉ちゃんのママ業にも力を入れてほしい。
そろそろ一杯行くぞ!!」

CHEEEEERS!!!

笠原秀幸さん (俳優・映画監督)

「とても綺麗でスタイルも良く、モデルさんとして
一流なので近寄りがたいイメージ……
かと思いきや、庶民的な感覚をばっちり持っていて、
まさに**日本の"かあちゃん"**って感じのギャップが
とっても素敵です! 嘘がない、嘘がつけない人が展開するこの本、
隅から隅まで読ませて頂きます!」

KIND OF MAKI??

西山茉希をよーくご存じの方々から、
「西山茉希という人間」をテーマにコメントを頂きました。
たくさんの愛がこもったメッセージも♥♥
(※掲載は順不同)

小林明実さん(モデル)

「可愛い妹分でもあり、飲み友です。
周りに気をつかうところ、思いやりがあり明るいところ、
そういう部分もすべてひっくるめて、**太陽みたいな人**です」

夏菜さん(女優)

「よく飲み、よく食べ、よく笑う、筋肉姉さん。
まきさんがいると安心する、
まきさんの目を見ると
なんかわかってくれてる感がある、
不思議なパワーの持ち主!」

宇賀なつみさん(テレビ朝日アナウンサー)

「思いっきり笑い、よく食べ、よく飲む。
素直で、無邪気。
とにかく**真っ直ぐで、嘘がない。**
そばで見ていて、**とても気持ちの良い人。**
茉希の好きなところはたくさんあるけど、
一番好きなのは、一緒に楽しくお酒が飲めるところ!
元気が出るし、ペースが合う(笑)。
おばあちゃんになっても、変わらず飲み友達でいてね♪」

安座間美優さん(女優・モデル)

「明るくて面白くてお話上手で面倒見がよくて……茉希ちゃんの周りは笑顔で溢れてる!
みんなに愛されてる人です。
茉希ちゃんみたいになりたい!とずっと思っています。
いつも気にかけてくれて話を聞いてくれる、私にとってお姉ちゃんのような存在。
大好きで昔からずっと後ろにくっついてます(笑)。
茉希ちゃん、本出版おめでとう♡
茉希ちゃんのようにこの本もたくさんの人に愛されますように♡」

WHAT KIND OF PERSON IS MAKI??

朝日光輝さん(SUN VALLEYヘアメイクアップアーティスト)

「モデルとして上京してからずーっと知っていますが、
基本何も変わらない性格で**ふつうの女の子**ですね!!
ふつうモデル、タレントのような仕事をしている人と飲みに行くときは
ご飯屋さんとかに気をつかいますが、
西山さんは立ち飲みやふつうの居酒屋でも何でもOKなので
とにかく楽です!! 僕たちは基本、芸能人だと思ってません」

渋谷謙太郎さん(SUN VALLEYヘアメイクアップアーティスト)

「出会って15年も経ちますが、ずっと変わらず笑顔をくれるHAPPYな人。
本当にいい意味でふつう。
ある意味才能溢れる天才。
いいやつ過ぎて損をする。そんなとところも含めて最高なモデルであり仲間です。
これからも宜しくお願いします!
あっ、酒癖直したほうがいいです」

藤井康成さん(焼肉芝浦三宿店店長)

「本当にいつもお世話になっております!!
本当に飾らない、太陽みたいな人です!!
いつも元気もらってます!!
何に対しても、一生懸命で尊敬してます!!
これからも、宜しくお願い致します!!」

指太(地元・長岡の友人一同)

「どんなに有名になっても、昔と変わらないマキで、**人を想い、人に愛される子**です。
料理が好きで、作るもの全部がおいしくて、マキの子供になりたいくらいです(笑)。
食べ物を大事にするあまり、残りものでお腹を壊すことがあるので、そこはやめて欲しい(笑)。
あと、**お風呂愛が強すぎ**(笑)。
そういうところ、全部含めてマキなんだけど、家族を一番に考えて、タチ(旦那さん)のことがずっと変わらず大好きって、
ブレない所が西山茉希のベースであって、楽しい、笑いのある家庭がパワーの源になってるのかなぁと思います。
そして、マキの周りに人が集まってくるのは、マキの明るい飾らない性格が根本にあるからだと思います」

中学校同級生の皆さん

「中学校卒業から17年経った今も、集まれば変わらずに、あの頃の温度に戻らせてくれるのが西山茉希。
18歳で上京して、芸能界っていう私たちからは想像もつかない世界に行ってしまった茉希が、
会えば全くといって言いほど変わらないテンションなことが嬉しくてたまりません。
茉希が上京した当時は寂しさもあったけど、結婚も出産もした茉希が、
今も、いつでも、あの当時に戻らせてくれることに感謝します。
茉希の共感力には、いつも助けられてきました。

多分、茉希自身が、**すごく物事を考えている人。**

そして、それは表にはあまり出さずに、自分でいっぱいになっちゃうってことがなくて、常に周りが見えている。
だからこそ、人の変化にも気づいて、突っ込んで、笑いにして、気持ちを軽くしてくれる。
楽しい時は、トコトン楽しもうよ！って切り替えがすごい。
きっと、茉希は、そうじゃなきゃ損だって思ってるんじゃないかな、と。
自分が損な役を買って出でも、その場を楽しくできれば満足しちゃうっていう、
サービス精神旺盛な完全なる"M"。

そんな西山茉希が、私たちには、**愛しくて、誇りです**」

旦那さんのお母様

「**何時も自然体で裏表がない。**

一緒にいると気持ちの良い空気を感じます。
仕事と家庭の両立は大変！！
でも、いつも笑顔でパワフル。
そして、姑の私の相談にも乗ってくれる、

頼もしいお嫁さんです。ありがとう♥」

西山茉希、お母さん

「**他人の言葉に惑わされず、
自分の生き方を大切にしている茉希。**

そんなあなたを、ただ心配しかできなかった時期もあったけれど、
今は揺るぎないあなたに感心し、応援しています。
その素直な気持ちを、これからも大切にしてね」

目にする 耳にする たくさんの情報が
溢れている今。

"貴方"が心地のよい「自分らしさ」を見つけ、
"貴方"自身を大切に できますように。

生きてるだけで丸儲け。
何をしたって月日は巡る。

それぞれの"Life"に それぞれの幸あれ。

maki

Credit

カバー、P11

デニムジャケット¥32,000／ネーム　タンクトップ¥2,500／プチバトー（プチバトー・カスタマーセンター）
チェーンブレスレット¥27,000、薬指のリング¥7,500／ともにイディアライト（ジョリー＆コー）
人さし指のリング¥19,000／オンブルクレール（フリークス ストア渋谷）

P2-3

ジャケット¥58,000／ドメニコアンドサビオ　キャミソールワンピース¥35,000／ポンティ（ハルミ ショールーム）
ゴールドのネックレス¥12,000／ローラロンバルディ、シルバーのネックレス（内側）¥35,600／ファリス（ともにジョンブル 原宿）
シルバーのネックレス（外側）¥52,500／チーゴ（ミックステープ）
左手のチェーンブレスレット¥41,000／イディアライト（ジョリー＆コー）　シューズ／スタイリスト私物

P4-7、カバー裏

パッチワークワンピース¥107,000、デニムパンツ¥38,000／ともにMSGM（アオイ）
シューズ¥24,000／ドクターマーチン（ドクターマーチン・エアウエア ジャパン）

【ちびばんさん】スエットワンピース¥16,000、レギンスパンツ¥11,000、バッグ¥14,000／すべてMSGM（アオイ）
シューズ¥14,000／ドクターマーチン（ドクターマーチン・エアウエア ジャパン）
【ちびちびさん】Tシャツ¥10,000／MSGM（アオイ）　レギンスパンツ¥4,000（3～5歳）・¥4,500（6～12歳）／プチバトー（プチバトー・カスタマーセンター）
ソックス、シューズ／ともにスタイリスト私物

P10

サーマルトップ¥19,000／シー（エスストア）　サスペンダーニットパンツ¥22,000／フリーダ（フリークス ストア渋谷）
ピアス¥9,500／ローラロンバルディ（ジョンブル 原宿）　右手のバングル¥33,000／ヴェロニカ イズ（ミックステープ）
左手のチェーンブレスレット¥41,000、右手薬指のリング¥7,500、左手薬指のリング¥13,000／すべてイディアライト（ジョリー＆コー）
右手中指のリング¥10,000、左手人さし指のリング¥10,000／ともにオンブルクレール（フリークス ストア渋谷）
シューズ¥24,000／ドクターマーチン（ドクターマーチン・エアウエア ジャパン）

P14-15

ボーダーカットソー¥11,000／アニエスベー　パンツ¥13,000／ビームス ライツ（ビームス ライツ 渋谷）
シューズ¥20,000／レイ ビームス（ビームス ウィメン 原宿）

【ちびばんさん】ボーダーカットソー¥6,800、サスペンダー付きパンツ¥12,000、ベレー帽¥7,000／すべてアニエスベー
シューズ¥10,000／クラークス（クラークスジャパン）
【ちびちびさん】ボーダーカットソー¥6,800／アニエスベー　パンツ¥10,800～、ベルト¥2,000／ともにイーストエンドハイランダーズ（ノーザンスカイ）
シューズ¥10,000／クラークス（クラークスジャパン）

P26-27

シャツ¥30,000／ネーム　タンクトップ¥2,500／プチバトー（プチバトー・カスタマーセンター）　スカート¥49,000／フリーダ（フリークス ストア渋谷）
チェーンネックレス¥7,800、右手薬指のリング¥6,300／ともにビームス ボーイ（ビームス ウィメン 原宿）
右手のバングル¥9,000、左手のチェーンブレスレット¥41,000、左手薬指のリング¥7,500／すべてイディアライト（ジョリー＆コー）
左手人さし指のリング¥19,000／オンブルクレール（フリークス ストア渋谷）　シューズ¥24,000／ドクターマーチン（ドクターマーチン・エアウエア ジャパン）

P28

［上］ダメージニットトップ¥38,000、中に着たシャツ¥32,000／ともにシー（エスストア）　パンツ¥30,000／ネーム（リングはP26-27と同じ）
［下］Tシャツ¥5,500／フリーダ（フリークス ストア渋谷）　ベレー帽¥8,500／カムズアンドゴーズ（アルファ PR）
ピアス／スタイリスト私物（ブレスレット、リングはP26-27と同じ）

P29

ワンピース¥27,500／ファーファー（ファーファー ラフォーレ原宿店）　ピアス¥30,300／ファリス（ジョンブル 原宿）
チェーンブレスレット¥41,000／イディアライト（ジョリー＆コー）

P30

カットソー¥13,000／ネーム　パンツ¥13,000／ビームス ライツ（ビームス ライツ 渋谷）　ピアス／スタイリスト私物
【ちびちびさん】チャイナシャツ¥5,500、中に着たワッフルカットソー¥3,700／
ともにビーミング by ビームス（ビーミング ライフストア by ビームス コクーンシティ店）　ヘアゴム／スタイリスト私物

P31

［上］ワンピース¥12,800～／イーストエンドハイランダーズ（ノーザンスカイ）
［下］ワンピース¥9,500（3～5歳）・¥10,000（6～12歳）／プチバトー（プチバトー・カスタマーセンター）
リブタイツ¥2,900／イーストエンドハイランダーズ（ノーザンスカイ）

シューズ¥10,000／クラークス（クラークスジャパン）　ヘアゴム／スタイリスト私物

P32
カットワークブラウス¥12,800／フリーダ（フリークス ストア渋谷）

P35
ハイネックニットトップ¥49,000／ヴェニット（ハルミ ショールーム）

P36
スウェットトップ¥15,000、中に着たシャツ¥16,000／ともにジョンブル（ジョンブル 原宿）　メガネ／本人私物

P37
ワンピース¥23,000／アールビーエス（ビームス ウィメン 原宿）

P56-57
Tシャツ¥5,500／フリーダ（フリークス ストア渋谷）　デニムパンツ¥30,000、コンチョベルト¥16,000／ともにシー（エスストア）
（バングル、ブレスレット、リングはP26-27と同じ）

P49
純正ごま油（200ｇ）¥470、香いりごま白（60ｇ）¥122、香すりごま白（55ｇ）¥122／すべてかどや製油
きざみにんにく（オープン価格）／桃屋　本生生しょうが ¥190／エスビー食品
（他の掲載食品はすべて私物です）

※本書の掲載価格はすべて税抜きです。また、既に販売が終了している商品もありますので、ご了承ください。

Shoplist

アオイ　03-3239-0341
アニエスベー　03-6229-5800
アルファ PR　03-5413-3546
エスストア　03-6432-2358
エスビー食品　0120-120-671
H&M　0120-866-201
かどや製油　0120-11-5072
クラークスジャパン　03-5411-3055
クリスチャン ルブタン（化粧品）　0120-449-360
コーセー　0120-526-311
しまむら　048-652-2111
ジョリー＆コー　03-5773-5070
ジョンブル 原宿　03-3797-3287
T&M（TV&MOVIE）　info@tv-movie.co.jp
ドクターマーチン・エアウエア ジャパン　03-5428-4981
ドメニコアンドサビオ　03-6452-3135
トーン　03-5774-5565
ナプラ　0120-189-720
西松屋チェーン お客様相談窓口　0120-7-24028

ネーム　03-6416-4860
ノーザンスカイ　06-6281-1117
ハルミ ショールーム　03-6433-5395
ビーミング ライフストア by ビームス コクーンシティ店　048-788-1130
ビームス ウィメン 原宿　03-5413-6415
ビームス ライツ 渋谷　03-5464-3580
ファーファー ラフォーレ原宿店　03-6804-3212
プチバトー・カスタマーセンター　0120-190-770
フリークス ストア渋谷　03-6415-7728
桃屋 お客様相談室　0120-989-736
ミックステープ　03-5721-6313
MiMC　03-6421-4211
M・A・C　03-5251-3541
メイベリン ニューヨークお客様相談室　03-6911-8585
ユニクロカスタマーセンター　0120-170-296
リンメル　0120-878-653
レブロンお客様相談窓口　0120-803-117
ロート製薬 オバジコール　03-5442-6098

Staff

Author	西山茉希
Photo	花盛友里：Cover／P2-13／P14-15／P26-37／P56-57／P108-109
	野口マサヒロ [BIEI Co.,Ltd]：P40-43
	武蔵俊介(世界文化社)：P16-25(静物写真含む)／P38-39／P46-55(静物写真含む)
	大見謝星斗(世界文化社)：P26-37(プロセス写真)／P96-103
Hair & Make-up	遊佐こころ [PEACE MONKEY]：Cover／P2-13／P14-15／P26-37／P40-43／P56-57／P108-109
Styling	小川夢乃：Cover／P2-13／P14-15／P26-37／P56-57／P108-109
	宇藤えみ(PROP&FOOD)：P48-55
Illustration	西山茉希：P82-95
Art direction	重盛郁美(ma-hgra)
Design	中澤愛美(ma-hgra)
Management	波岡芹子(Grick)
	岩澤祐輝(Grick)
Special thanks to	Grick, YUICHI TOYAMA (yuichitoyama.com)
Composition & Text	萬代悦子
Edit	宮本珠希

Life　西山茉希
母として、モデルとして、女性として

発行日　2018年12月15日　初版第1刷発行

著者：西山茉希
発行者：井澤豊一郎
発行：株式会社世界文化社
　　　〒102-8187　東京都千代田区九段北4-2-29
　　　Tel：03-3262-5118 (編集部)
　　　Tel：03-3262-5115 (販売部)
DTP：株式会社明昌堂
印刷・製本：凸版印刷株式会社

©Maki Nishiyama,Sekaibunka-sha, 2018. Printed in Japan
ISBN　978-4-418-18426-2

無断転載・複写を禁じます。
定価はカバーに表示してあります。
落丁・乱丁はお取り替えいたします。